KB131688

당신 곁의 약이 되는
27가지 풀과 나무

한의사 김승호의 당신을 살리는 약초 이야기

당신 곁의 약이 되는 27가지 풀과 나무

1판 1쇄 인쇄 2019. 7. 31.
1판 1쇄 발행 2019. 8. 8.

지은이 김승호

발행인 고세규
편집 김민경 | 디자인 정윤수

발행처 김영사
등록 1979년 5월 17일(제406-2003-036호)
주소 경기도 파주시 문발로 197(문발동) 우편번호 10881
전화 마케팅부 031)955-3100, 편집부 031)955-3200 | 팩스 031)955-3111

값은 뒤표지에 있습니다.
ISBN 978-89-349-9801-3   03480

홈페이지 www.gimmyoung.com   블로그 blog.naver.com/gybook
페이스북 facebook.com/gybooks   이메일 bestbook@gimmyoung.com

좋은 독자가 좋은 책을 만듭니다.
김영사는 독자 여러분의 의견에 항상 귀 기울이고 있습니다.

이 도서의 국립중앙도서관 출판예정도서목록(CIP)은 서지정보유통지원시스템 홈페이지
(http://seoji.nl.go.kr)와 국가자료공동목록시스템(http://www.nl.go.kr/kolisnet)에서
이용하실 수 있습니다.(CIP제어번호 : CIP2019029474)

한의사 김승호의
당신을 살리는 약초 이야기

당신 곁의
약이 되는
27가지
풀과 나무

김승호 지음

김영사

에르네스토 콘트레라스 감독의 영화 〈나는 다른 언어로 꿈을 꾼다〉에 나오는 사멸되어가는 원주민의 언어, 시크릴어 같다. 어혈이나 중풍이란 말 정도가 살아남았을까. 예전엔 흔히 쓰였을 한의학의 용어들은 더 이상 통용되지 않는다. 담음통이나 풍습통, 풍비란 말을 했다간 무슨 뜻이냐고 다시 되묻기 십상이다.

실체론적 세계관의 언어인 디스크(추간판 탈출증)나 척추협착, 류머티즘성 관절염이라고 해야 한다. 언설로 이뤄진 세간에서 말들이 지시대상을 못 찾는다는 것은 그 언어로 지탱되는 세계가 소멸되어간다는 것에 다름 아니다. 인간과 평등하게 소통하던 자연은 시크릴어가 아닌 원죄와 타락을 말하는 이국의 언어 앞에서 입을 다문다. 스페인 선교사와 미국인의 언어는 자연을 지각과 의식이 없는 사물, 물질로 보기 때문이다. 시크릴어가 지탱하던 사람과 밀림의 새들이 동등하게 대화하는 세계는 마지막 남은 시크릴어 사용자와 함께 사자死者들의 동굴 속으로 사라져버린다.

한때는 우리 귀에 익숙했을 본초本草란 말도 애써 그 뜻풀이를 해야 한다. 본초는 한의학에서 쓰이는 약재들을 모두 가리키는 용어다. 풀이나 나무 등 식물뿐만 아니라 동물이나 광물 기원의 약재도 본초에 포함된다. 이를테면 수우각이나 녹용 같은 동물의 뿔, 복룡간(아궁이 흙), 석고, 수은 같은 광물질도 본초다. 약으로 쓰이는 모든 약재 중에 식물이 차지하는 비중이 절대적이므로 통칭해서 본초라고 한다.

한동안 웰빙바람을 타고 약초에 대한 관심이 크게 일어난 탓에 내 주변에도 재야에서 실력을 갈고닦은 본초학의 고수들이 꽤 된다. 심마니 수준의 현장지식을 과시하는 TV프로그램에도 나올 만한 '코리아 헌터'들이다. 비유가 아니라 사냥꾼 같기도 하다. 전문 작업도구를 들고 다니며 '대물'이라 불리는 것들을 사냥한다. 자연을 훼손하지 않고 외경의 대상으로 여겼던 과거의 심마니나 약초꾼이 아닌 새로운 유형의 꾼들이다.

이들 꾼들의 리스트는 동일한 문파로부터 유래해 그 계보가 크게 갈라지지 않은 듯 다 비슷하다. 희귀해서 '쩐'이 되는 것뿐만 아니라 양기를 돋우는 강장제, 불치병과 암을 고친다고 소문난 것들이다. 지치, 봉삼, 산삼, 연삼, 하수오, 벌나무, 동백나무겨우살이, 천마, 노루궁뎅이버섯, 갯방풍, 소나무담쟁이, 흑도라지, 비수리, 빈대풀, 꾸지뽕, 접골목 등이 그들의 리

<u>스트다.</u>

　비난하자는 것이 아니다. 숲속의 풀과 나무와 감응하며 조화를 꿈꾸던 세계보다는 헌터들의 대물 헌팅이란 말이 더 자연스러운 욕망의 세계가 됐다는 얘기다. 약초를 찾아 산을 오르면서 사람은 자연과 더 가까워질 수 있다. 자연과 하나 되어 몸과 마음이 도야된다. 좋은 말이다. 이 좋은 말들이 내 것이 되려면 약초를 대하는 마음이 달라져야 하며 그보다 먼저 약에 대한 우리의 개념이 바뀌어야 한다고 생각한다.

　재야의 본초학을 배우는 이들도 그렇겠지만, 처음 본초학을 접할 때 내가 놀란 것은 수많은 약재가 관심만 가지면 주변에서 흔히 볼 수 있는 꽃과 풀과 나무라는 거였다. 사향 같은 동물성 약재나 천종산삼처럼 희귀하고 값비싼 약재가 없는 건 아니다. 그러나 대다수의 약들이 산야에서 어렵지 않게 찾아볼 수 있는 것이었다. 철따라 예쁜 꽃이 피는 산자락과 숲길의 야생화, 마을 뒷동산의 푸른 나무들이었다.

　자연이 키워내는 것들 중에 약 아닌 것을 찾기가 오히려 어렵다. 예를 들면 본초서에 나오는 청열해독약들은 항염, 항균, 항바이러스 효능이 있는 말 그대로 대자연이 만들어낸 허브들이다. 한자로 된 약초 이름이 생소할 뿐이지 알고 보면 주변에 흔하디흔한 풀과 나무들이다.

　예를 들어보자. 피부와 심부조직의 염증이나 세균성 질환, 바이러스 감염에 쓰이는 금은화는 인동꽃의 꽃봉오리를 따다가 건조한 것이다. 상기도 감염을 비롯해 여러 가지 급성 열병에 쓰는 연교는 세 살배기도 아는 개나리꽃의 열매다.

유선염과 폐렴, 급성 간염에 쓰는 포공영은 시멘트로 덮인 도심의 길바닥에서도 노란 꽃을 피우는 민들레의 전초다. 단독 등 피부병과 바이러스성 간염에 쓰는 자화지정은 오랑캐꽃으로도 부르는 제비꽃이고, 해열제와 소염제로 쓰는 청엽과 판람근은 푸른색을 내는 염료인 쪽의 잎과 그 뿌리다.

임파결핵 등에 쓰는 조휴는 산지의 습한 곳에서 군락을 이루며 자라는 삿갓나물이다. 토복령은 청미래덩굴 또는 맹감덩굴의 뿌리줄기이고, 사간은 주황색 꽃이 예뻐 화훼로 심는 범부채의 뿌리, 마치현은 시골길에 흔해빠진 잡초인 쇠비름이다. 패장초는 가을의 산길을 수놓는 노란꽃 마타리, 반변련은 논둑과 밭둑에 흔한 수염가래꽃, 백두옹은 할미꽃, 누로는 절굿대다. 비린내 나는 약모밀, 어성초를 모르는 이는 없겠다.

청열해독약에 속하는 본초들만 일별해도 이렇다. 그래서 천지에 약 아닌 것이 없다는 말은 공연한 수사가 아니다. 본초라는 개념에서 약과 약 아닌 것의 경계를 찾기가 어렵다. 약은 특별한 것이라는 고정관념이 없다. 푸르른 산천의 뭇 생명들이 모두 약이다. 동아시아에선 땅에서 자라는 그 생명들과 우리가 몸을 통해 관계를 맺었을 때 경험되었던 것들을 기미氣味와 주치主治로 구분해 수천 년 동안 기술해왔다.

근대 이후 자연과학은 이 경험들을 분자구조로 환원해 특정 물질에 특정 성질이 내재되어있다고 말한다. 예를 들면 인삼에는 인체에 모종의 영향을 미치는 인삼사포닌 성분이 있어 그 약효를 낸다는 식으로 말이다. 그러나 과학의 이런 환원주의 방식은 일반의 통념과 달리 진실과 거리가 멀다. 존재의 실상에 대한 답변을 구성요소로 분해한 이전 단계나 그 전 단계로 떠넘긴 것에 불과하기 때문이다. 검증이나 실증을 말하지만 깊이 생각해보면 그 철학적 기반은 초월적 형이상학이다. 경험의 바깥에 변하지 않는 실체가 있다는 믿음에 기초를 두고 있다. 인간은 그런 믿음에 기반한 환원주의의 산물, 이를테면 인삼 자체가 아니라 과학이 조작한 사포닌이란 특정물질을 다시 경험을 통해 파악할 수밖에 없다. 그 과정에서 근대 이후 우리가 겪어야 했던 폐해를 따져보면 아무리 양보해도 이득 못지않게 커 보인다.

　그렇다면 약의 의미는 무엇일까. 프랑스의 철학자 데리다가 말한 차연과도 같은 것은 아닐까. 차이와 의미의 연기를 통해서 드러나는 것. 하지만 차연은 분절된 하나의 낱말, 개념을 넘어서며 낱말과 개념을 가능케 하는 일종의 조건이다. 외연이 넓다. 데리다는 파르마콘이란 말을 쓰기도 한다. 파르마콘은 약이면서 동시에 독인 것을 가리킨다.

　우리의 언어적 구조에서는 약과 독이 서로 모순 대립하므로 둘 사이에는 분명한 경계선이 그어진다. 언어는 동일률과 모순율이라는 실체론적 사유를 기반으로 하기 때문이다. 하지만 데리다에 의하면 이 실체론에 기반한 서구 형이상학과 종교와 과학은 인간의 뿌리 깊은 미망이다.

데리다의 파르마콘은 모순 대립하는 약과 독의 두 속성이 태초부터 암컷과 수컷이 구분되지 않는 자웅동체처럼 존재한다. 약과 독이라는 두 실체가 자기 정체성을 고집하지 않아 원래부터 한 몸이라는 것이다. 그래서 파르마콘은 약인 동시에 독이지만, 자기 동일성이 없으므로 약도 아니고 독도 아닌 무엇이다. 동일성을 고집하는 실체가 없어 여성의 자궁, 코라chora처럼 비어있다. 불교의 공성空性, 노자의 도道와 흡사하다.

데리다의 파르마콘처럼 우리가 약이라고 부르는 것은 사실 약이면서 동시에 독이다. 또 약과 독이 실체적 자성自性 없이 관계 속에 서로 의존하여 나타난 것이어서 약도 아니고 독도 아니다. 다만 우리가 욕구에 합당한 것을 찾아서 이들을 약이라고 이름 붙인 것들이다. 살아있는 생명인 우리의 지각경험을 통해서 언어로, 말로 표현되는 것들이며 그 자체로는 비어있다.

언어와 그 이름에 고착되어 눈이 어두워진 까닭에 치러야 하는 대가는 심각하다. 온갖 암을 낫게 하는 신비의 봉삼, 백선 뿌리를 비싼 값에 사서 그 신비한 효능을 기대한 이들이 황달을 앓거나 치명적인 전격성 간염으로 진행되어 병원에서조차 손도 못 써보고 죽기도 했고, 간에 좋다고 민들레나 쇠비름을 캐다가 달여 먹거나 효소를 만들어 먹다가 오히려 간을 망친 사례도 적지 않다. 어떤 항암제보다도 항암효과가 뛰어나다고 하던 개똥쑥은 환자의 병든 몸을 더 망가뜨리는 독약이 되기도 했다. 백선이나 개똥쑥, 민들레, 쇠비름이 독약은 아니다. 적절하게 쓰면 좋은 약이다. 그러나 무지로 인해 독약이 된다.

약을 약으로 쓰기 위해서는 몸을 잘 알지 않으면 안 된다. 약은 우리의 몸과 관계해서 비로소 약이기 때문이다. 자신의 몸을 아는 것을 전통적인 용어로 변증辨證이라고 한다. 이 변증이 제대로 되면 독도 약이 된다. 변증이 안 되면 아무리 귀하고 좋은 약이라고 해도 몸을 망가뜨리는 독이 되고 만다. 그렇지만 무릎 관절이 아프다고 관절염에 좋은 약 쇠무릎, 간에 좋다고 간장약 민들레 식으로 해서는 몸을 아는 것이 아니다. 변증이 아니다. 병과 약을 실체적으로 대응시키는 양의학도 그렇게 무모하게 약을 쓰지는 않는다.

나는 이 책에 약초 이야기들을 쓰면서 이런 내용을 염두에 두었다. 산이나 들에서 흔히 보는 식물들을 약으로서의 가치만 따지기보다는 인문학적인 접점도 찾으려고 애를 써보았다. 쓰임새를 잘 몰라서 천덕꾸러기 신세를 면치 못하는 것들에 더 관심이 가기도 했다. 10년 동안 월간《신동아》등 잡지에 쓴 글들을 모아 정리하는 시간을 가져보았다. 부족한 글을 통해서 조금이나마 이런 생각에 눈길을 줄 수 있다면 바랄 나위가 없겠다.

2019년, 서재에서
김승호

숲의 마음은 단 하나,
오로지 살려내고자 하는 마음뿐이다.

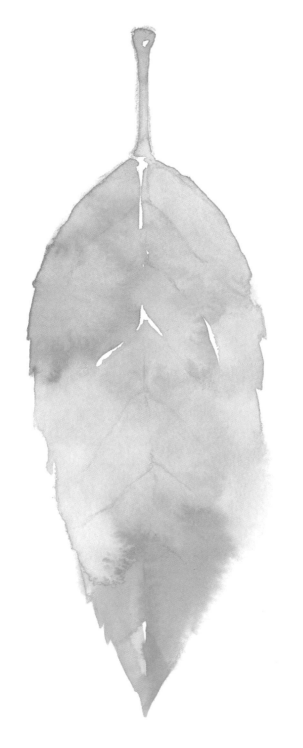

1

봄

봄이 지나면 한 해가 다 간 것이라고 노래한 시인이 있었던 것도 같다.

연초록빛과 연분홍빛으로 피어난 어린 속잎들이 온 산야를 파스텔 톤으로 뒤덮다가 어느 순간 무차별한 녹색으로 짙어질 때. 한 해가 다 지나간 것처럼 느껴진다.

잠깐 벅찬 숨을 고르고 눈인사를 하는 사이 무심히 곁을 스쳐 지나가는 야속한 여인처럼. '천지는 어질지 않다.'라는 노자의 말처럼, 돌이킬 수 없는 순환의 바퀴가 굴러가고 한 순간 네가 착각했을 뿐이라는 듯 만물은 멈추지 않고 유전한다.

약이 되는 산과 들의 이른 봄꽃
노루귀, 현호색, 산자고

봄날은 가지만 순환의 짧은 틈새마다 꽃이 핀다. 알싸한 생강냄새를 피우는 생강나무와 황홀한 향기로 길손의 발길을 멈추게 하는 길마가지나무 꽃이 서둘러 봄소식을 알리고, 뒤이어 매화와 산수유, 노루화와 복주머니난(봄까치꽃), 머위와 현호색, 산자고의 꽃이 다투듯 꽃망울을 터트린다.

산과 들에 노루귀, 얼레지, 바람꽃, 진달래꽃이 피고 도로변 여기저기 벚꽃, 개나리꽃, 목련꽃, 애기사과꽃이, 시골 마을엔 장미과의 유실수들, 모과꽃, 명자꽃, 사과꽃, 앵두꽃, 복숭아꽃, 살구꽃, 배꽃이 축제라도 벌이듯 만개한다. 그렇게 꽃이 피면서 단 한 순간도 그 생멸의 흐름을 붙잡을 수 없는, 아쉬운 봄날은 한들거리는 봄바람처럼 스쳐 지나간다.

봄의 전령사 노루귀

　봄에 피는 산과 들의 조그만 꽃들 중에도 약으로 쓰이는 게 여럿 있다. 노루귀, 바람꽃, 현호색, 산자고 등이 그것이다. 따져보면 약 아닌 것이 없지만 그중에서 추려보자면 그렇다. 이른 봄, 미처 녹지 못한 산록의 눈이 녹으면 앙증맞고 소담한 꽃이 잎보다 먼저 고개를 내미는 노루귀는 잎의 생김새가 귀여운 노루의 귀를 닮아서 붙여진 이름이다. 흰색, 분홍색, 청색 등 여러 색으로 꽃이 핀다. 따사로운 봄기운이 느껴지기엔 아직 이른 시기에 산비탈 그늘진 곳이나 계곡 부근에 무리 지어 피는 노루귀의 꽃은 흡사 봄을 맞는 여신처럼 보인다. 우리나라 전역에 흔하지만 피는 기간이 짧아 아차 하면 못 보고 지나간다. 한방에선 장이세신獐耳細辛이라고 한다.

당신 곁의 약이 되는 27가지 풀과 나무

노루귀

숲속의 그늘진 곳을 좋아하는 여
러해살이풀로 경칩 무렵 꽃을 피
운다. 눈을 뚫고 피어나기 때문에
꽃말이 '참을성'과 '신용'이다.

'장이'는 노루귀라는 뜻이다. '세신'은 그 맛이 얼얼하니 매운 데가 있다 해서 붙여졌다. 흔히 족두리풀이라 하는 세신細辛과는 생김새나 종이 다르다. 꽃이 진 후에 세 갈래 진 잎사귀가 땅바닥에 붙어 나는 게 더 앙증맞다. 어린잎은 식용할 만해서 나물로 무쳐 먹기도 한다.

　노루귀는 한약재로 쓰이지는 않지만 민간에서는 단방약*으로 써왔다. 6~7월경 포기로 채취해 두통 등에 진통제로 쓰거나 폐결핵, 오줌소태(임질), 설사 등에 쓰기도 하고 상처가 곪아서 잘 낫지 않는 화농성 피부질환

---

* 　**단방약** 單方藥
　한 가지 약재만으로 조제되어 병을 고치는 약

에 포기째 달여서 세척제로 쓴다. 하지만 뿌리에 독성이 있으므로 생으로 먹으면 안 된다.

변산바람꽃 역시 눈색이꽃(복수초)과 함께 봄을 부르는 대표적인 꽃이다. 우리나라에 바람꽃은 19종이 있는데 대개 이른 봄에 핀다. 일부 지방에서는 추위가 채 가시지 않은 2월경에도 피어 봄을 손짓한다. 이름 때문에 변산지역에서만 볼 수 있는 꽃인 줄 알았는데 다른 지역에서도 제법 눈에 띈다. 무등산 주변 양지바른 산비탈에서도 2월 말이 되면 변산바람꽃이 꽃망울을 터뜨린다. 금방이라도 꺾어질 듯 여린 줄기에 피어난 연한 분홍빛 꽃송이가 무척이나 사랑스럽다.

미나리아재빗과 식물로 약초 이름은 죽절향부竹節香附다. 콩알만 한 알뿌리를 캐 약으로 쓴다. 같은 바람꽃속인 꿩의바람꽃, 바람꽃, 너도바람꽃 등의 뿌리줄기도 모두 죽절향부로 쓰인다. 사지마비와 요통 등에 달여서 복용하고 종기나 외상에는 짓찧어 환부에 붙인다. 조금 독성이 있다.

모르핀을 능가하는 진통제 현호색

산과 들판, 밭 주변을 걷다 보면 흔히 볼 수 있는 봄꽃 중 하나가 현호색이다. 약간 눅눅하고 습한 곳을 좋아한다. 가녀린 줄기에 보라색 혹은 분홍색의 꽃이 5~10개씩 총상꽃차례*로 피는데, 3월 말이나 4월 초쯤이

---

* **총상꽃차례**
여러 개의 꽃이 긴 꽃대에 어긋난 모양으로 아래부터 위로 포도송이 형상으로 피어 올라가는 모습

면 밭두렁 옆 시골길이나 천변의 둔덕에서도 봄바람에 하늘거리는 모습을 쉽게 볼 수 있다. 꽃 생김새가 종달새 머리 깃을 닮았다 해 희랍어 속명이 종달새를 뜻하는 '콜리달리스'다. 보라색의 꽃과 섬세하게 여러 갈래진 잎의 생김새가 사랑스러워 몇 무더기 캐다가 집 마당이나 화분에 심고 싶어진다.

온 산천에 흔하게 나는 이 풀의 우리말 이름이 없다는 게 좀 의아스러운데, 워낙 한약재로 유명한 탓에 한약 명칭이 그대로 굳어져버리지 않았나 싶다. 조심스럽게 주변의 흙을 파보면 여린 꽃줄기 밑에 의외로 큼직한 알뿌리가 묻혀있다. 잔 것은 콩알만 하지만 큰 것은 조그만 감자알만 하다.

이 덩이줄기가 한방에선 현호색 또는 연호색으로 불리며 모르핀morphine을 능가하는 진통제로 쓰인다. 신경통과 관절통, 생리통, 협심통* 등을 멈추게 하는 뛰어난 효과가 있다. 혈액의 순환을 돕고 굳은 피를 없애므로 타박으로 붓고 어혈이 심할 때 없어서는 안 되는 귀중한 약재다.

양귀비과에 속하는 현호색은 전통적으로 활혈거어약**으로 분류된다. 대개 5~6월경 덩이줄기를 채취해 겉껍질을 제거한 후 물에 넣고 끓여 내부의 색이 황색이 될 때까지 삶아서 말려 쓴다. 성질이 따뜻하고 맛이 매우며 독은 없다. 그러나 어혈 약이므로 임신부나 출혈질환이 있는 환자에겐 신중하게 써야 하는 약이다.

* **협심통** 狹心痛
  심장에 갑자기 일어나는 심한 동통疼痛으로 심혈관의 협착으로 가슴에 답답함이 느껴지는 통증
** **활혈거어약** 活血祛瘀藥
  혈액의 순환을 촉진하고 어혈을 제거하는 약

　《동의보감》에는 "산후에 굳은 피로 인해 생긴 모든 병을 치료한다. 생리가 고르지 못한 것과 배 속의 뭉친 덩어리, 산후의 어혈로 인한 어지럼증 같은 여성의 혈병을 다스린다. 또한 타박상으로 인한 어혈을 풀고 파혈破血하는 성질이 있어 유산을 시킨다"라고 적혀 있다. 또 "심통과 소복통을 신통하게 다스린다"라고 했다.

　또한 《본초강목》에서는 "능히 혈중기체血中氣滯와 기중혈체氣中血滯를 풀어서 일신의 상하 모든 통증을 다스리는데, 그 쓰임이 적중하면 신묘한

현호색
산록의 습기가 있는 곳에서 자란
다. 맛은 맵고 쓰며 성질이 따뜻
하고, 위장병과 생리통에 탁월한
효과가 있다.

당신 곁의 약이 되는 27가지 풀과 나무

효과를 이루 다 말할 수 없다"라고 했다. 그 사례가 몇 가지 있다.

　"형목왕의 비妃 호씨가 메밀로 만든 면을 즐겼는데 자주 화를 냈다. 그러다 위에 병이 들었는데 가슴앓이가 심해 통증을 참아낼 수 없을 지경이 됐다. 의원들이 약을 썼지만 목구멍으로 약이 넘어가기 전에 모두 토해 효과가 없었다. 덩달아 대변도 수일 동안 못 보았다. 《뇌공포자론》에 심통으로 곧 죽을 듯하면 급히 현호색을 써야 한다는 말이 있었다. 그래서 현호색을 가루 내 따뜻한 술에 타 먹게 했더니 비로소 토하지 않았는데, 약이 들어가자 곧 변을 보고 통증이 사라졌다."

　"나이 오십쯤 되는 이가 설사와 복통으로 곧 죽게 돼 관까지 맞춰놓았다. 그런데 그의 아들이 현호색을 가루 내 미음으로 만들어 먹였다. 극심한 복통이 가라앉더니 통증의 10 중 5가 잡혔다. 이후 조리를 잘해 회복됐다."

　"한 사람이 병이 들었는데 몸의 반쪽만 통증이 극심했다. 내로라하는 의원들이 혹은 중풍이라 하고, 혹은 중습이라 하고, 혹은 각기라 해 약을 썼으나 아무런 효과가 없었다. 의원 하나가 이는 기혈氣血이 응체凝滯된 탓이라 진단하고 현호색과 당귀, 계피를 등분하고 가루 내 따뜻한 술로 먹였더니 차도가 보였다. 얼마 뒤 병이 나았다."

현대의 약리적 연구에 의하면 현호색에는 15종의 알칼로이드*가 함유되어있다고 한다. 이 알칼로이드들이 모르핀이나 코데인과 비슷한 효과를 내 강력한 진통작용을 한다. 식초를 넣고 열을 가하면 알칼로이드 용해도가 매우 높아진다. 진통 효과를 높이기 위해 옛사람들도 이렇게 초초^{醋炒}하는 방법을 많이 써왔다.

현호색은 진통효과가 뛰어나면서도 지속성이 있고 독성도 없다. 급성 통증에 많은 양을 써도 효과가 뛰어나며 부작용이 크게 없고, 만성 통증에도 그 효과가 일정하게 지속된다. 어혈로 인한 통증뿐 아니라 염증성 통증에도 쓰인다.

위궤양으로 출혈이 생겨 통증이 심하고 대변색이 흑색일 때 현호색 20g과 다른 어혈 약을 배합하면 효과가 좋다. 또한 협심통을 멎게 하므로 단삼이나 도인 등을 배합해 쓰면 심근의 일과성 허혈 증상이나 산소 결핍 증상을 개선하고 흉부의 발작성 통증과 압박감을 완화할 수 있다. 류머티 즘성관절염이나 좌골신경통, 요추신경통, 삼차신경통 등 각종 신경통, 생리통이나 여성의 골반 내 만성 염증 질환, 자궁염 등에도 효과가 크다.

꽃이나 잎사귀의 생김새가 현호색과 비슷한 풀로 산괴불주머니가 있는데, 현호색이 지고 난 뒤에 꽃이 피기 때문에 구별이 쉬운 편이다.

---

* **알칼로이드**alkaloid
식물계에 널리 분포하며, 포유동물의 신경계에 작용하거나 암이나 병원균의 성장을 억제하는 등 다양한 생리 활성을 지니고 있다. 항암, 항염 효과부터 향정신성 의약품, 담배나 커피 같은 기호 식품까지 인체에 다양한 영향을 끼치는 물질들이 많이 포함된다.

지나치기 아까운 보물, 산자고

산자고는 까치무릇, 까추리, 물구 등 우리말 이름이 더 정겹다.《동의보감》에서도 산자고의 향약명을 '가무릇'으로 쓰고 있다. 백합과 식물로 우리나라에서는 중부 이남의 햇볕이 잘 드는 풀밭에 흔하다. 보통 3월 중순부터 꽃을 피워 4월이면 양지바른 산기슭의 풀밭이나 들판, 시골의 밭둑에서도 쉽게 볼 수 있다. 너무 흔해서 그냥 지나친다.

부추 잎을 닮은 가늘고 길쭉한 잎들 사이로 줄기 한 대가 올라와 별 모양의 소박한 흰 꽃을 피운다. 꽃잎 바깥쪽에 진한 자주색 줄무늬가 나있는 게 인상적이다. 학명은 툴리파 에둘리스Tulipa edulis다. 에둘리스는 '먹을 수 있는'이라는 뜻이다. 실제로 비늘줄기는 장아찌의 재료로 쓰이기도 하

는데, 독성이 조금 있어 물에 우려 삶거나 구워 식용한다. 민간에서는 종기나 옹종*을 치료하고 뱀과 독충의 독을 제거하는 약재로 썼다.

그런데 이 산자고가 천연 항암제라는 난데없는 얘기가 여기저기서 나와 좀 살펴봤다. 터무

---

* **옹종** 癰腫
몸에 난 작은 종기가 좀처럼 없어지지 않는 것으로 가렵거나 따가운 증세

당신 곁의 약이 되는 27가지 풀과 나무

산자고
백합목의 약초로 양지바른 풀밭
에서 자란다. 4~5월에 꽃을 피우
며 주로 종기를 없애고 독을 제
거하는 약재로 사용한다.

니없기도 했지만 아무래도 이름이 같은 탓에 빚어진 오해 같았다. 본초서에 청열 해독약으로 산자고山慈姑가 등장하는데 이 산자고와는 다른 식물이기 때문이다. 본초서에 등재된 산자고는 백합과의 이 산자고가 아닌, 난蘭과의 식물이다. 향약명은 약난초인데 두견란이라고도 한다.

우리나라에서는 주로 남부지방(전북 내장산 이남)의 계곡 주변 숲이나 해안가에서 자란다. 중국은 쓰촨성 등 남방이 주산지다. 5~6월에 연한 자줏빛 꽃이 핀다. 둥근 알뿌리를 약재로 쓰는데 해독이나 부은 종기, 상처를 치료하는 소종消腫, 맺힌 것을 푸는 산결散結 효능이 뛰어나다.

최근에 항암효과가 있는 것으로 밝혀져 천연 항암제로 분류되고 있다. 유선암, 비강암, 식도암, 폐암 등에 쓰이며 피부암이나 자궁암에는 외용*한다. 편도선염이나 후두염 등 인후질환에도 잘 쓰인다. 또 종기가 나 붓고 열이 날 때 내복하거나, 연고를 만들어 쓰기도 한다. 100가지 독을 풀고 각종 악창과 종기에 효과가 뛰어난 것으로 알려진 자금정紫金錠이란 전설적인 한약에도 이 산자고가 들어간다.

백합과의 산자고(까치무릇)는 난과의 산자고(약난초)와는 전혀 다른 식물이다. 그런데도 약성이 뒤섞인 데에는, 안타깝지만 우리나라 《동의보감》의 잘못이 큰 듯하다. 이 두 식물을 구분하지 못하고 난과의 산자고를 까치무릇으로 알고 약성을 옮겨 쓰는가 하면, 약초의 형태도 약난초와 까치무릇의 두 가지를 모두 기술하고 있기 때문이다.

---

* **외용** 外用
약물을 먹거나 주사하지 않고 몸의 외부에 쓴다.

발단은 중국의 본초서에서 비롯한 것으로 보이는데,《동의보감》이 인용한 중국의 고전 본초서들이 산자고라는 이름으로 이 두 식물을 함께 기술하고 있다. 이런 오류 탓에 오해도 아주 '당당하게' 한다. 까치무릇 산자고가 경부임파선결핵에 효과가 있고 항암효과도 있는 약초라는 것이다.

까치무릇의 약효를 따진다면 같은 백합과인 무릇의 그것과 비슷하지 않을까 싶다. 한약명이 야자고野茨菰인 무릇은《동의보감》에 "석림(신장결석)을 고치고 종기를 삭이며 소갈을 가라앉힌다"라고 나와있다. 까치무릇과 달리 무릇은 비늘줄기의 크기가 주먹만 하고 양파와 비슷하게 생겼다. 흉년에 그 뿌리를 캐어 삶아 먹기도 한다. 나도 어렸을 때 이 무릇을 먹어본 적이 여러 번 있다. 본초서엔 무독하다고 되어있지만, 경험상 독성이 조금 있어서 물에 담가 우려낸 다음에 삶는다. 어쨌든 이 두 산자고가 혼란스러운 것이 사실이다.

약난초

봄날이 가기 전 산에 몇 차례 올라 진달래꽃을 따 먹었다. 진달래의 분홍색처럼 사람들의 마음 빛이 훤해질 수 있다면. 섬진강 시인 김용택의 〈진달래〉라는 시의 한 구절이 생각났다. "연분홍 살빛으로 뒤척이는 저 산골짜기 어지러워라, 환장허것네."

생강나무꽃, 길맛가지나무꽃, 매화꽃, 산수유꽃, 보춘화 향기도 애써 맡았다. 알싸하고 청신하고 은은하고 보드랍다. 하지만 아쉬운 봄날은 한들거리는 바람처럼 어깻죽지 사이로 스쳐 지나간다.

보잘것없는 풀이지만
수전증에 특효 번루 혹은 별꽃

스무 살 즈음에 어쩌다가 일본 근대시를 공부한 적이 있다. 애써 일본어 고어사전을 찾아가며 읽었다. 시마자키 도손*의 〈고모로 고성 주변〉이라는 시는 아직도 기억이 난다. "고모로 고성의 주변, 구름은 희고 나그네는 슬프다. 연푸른빛 번루蘩蔞들의 새싹도 보이질 않고 어린 풀들도 돋아나질 않는구나…" 대략 이렇게 시작되는데, 우울하고 비통한 정조가 시 전체에 넘쳐흘렀다. 화창해야 할 20대에 왜 이런 글루미한 분위기가 좋았는지 모르겠다.

그 시절엔 이 시에 나오는 번루라는 식물 이름이 무엇인지 몰랐다. 뭐, 고성 주변이나 언덕배기에 나는 그런 식물이 있겠지. 크게 관심도 없었다. 그러다 번루와 다시 만난 것은 10여 년간의 기자생활을 정리하고 한의학

---

* **시마자키 도손** 島崎藤村
일본의 소설가, 시인(1872~1943)

을 하게 되면서다. 타계하신 원로 한의사의 처방집을 읽다가 우연히 수전증에 쓰는 약에서 그 이름을 보게 됐다.

수전증을 잡아주는 잡초, 번루

'가미완수탕'이란 이름의 처방이었는데, 번루가 이 처방의 임금 격인 군약君藥으로 쓰인다. 물론 신하 격인 다른 약물도 10여 가지나 들어간다. 번루가 든 가미완수탕은 손이 떨리는 수전증에 정말 탁월한 효과가 있었던 모양이다. 이분은 "수전증을 백발백중 완치한다. 나의 숙부가 손이 떨렸는데, 백약이 무효하더니 약 2제로 완치되었다"라고 적었다. 눈이 번쩍 뜨였다. 하지만 수백 가지가 넘는 약물이 실린, 한의사가 늘 보는 본초서들에는 '번루'라는 약물은 나오지 않는다. 도대체 번루가 뭐지 하며 안달이 나서 《동의보감》과 《본초강목》을 비롯한 이런저런 문헌을 찾았다. 그랬더니 그 결과가 좀 우습다. 번루는 이른 봄에 시골 들판이나 길섶에서 흔히 보는 잡초였다. 우리말 이름으로 별꽃 또는 쇠별꽃이다. 별같이 생긴 흰색의 조그만 꽃들이 4~5월에 귀엽게 피는 풀이다. 식물도감을 들춰보니 더 확실하다. 아니 번루가 그 별것도 아닌 별꽃이란 잡풀이었어? 이런 참. 그러나 이것보다 더 무참한 것은 번루가 흔히 먹는 봄나물 중의 하나라는 것이었다. 물론 한참 나중에 알게 된 사실이다.

전라도 지역에선 '곰밤부리'라고 하는 봄나물이 있다. '검범부리'라고도 하는데 타 지역에선 '콩버무리'라고 부르기도 한다. 이쯤에서 '아하!' 하시는 분들이 있을 듯싶다. 그렇다. 번루가 흔해빠진 그 곰밤부리 나물이다.

곰밤부리는 꽃이 피기 전 초봄에 나는 어린 순을 잘 씻어서 끓는 물에 살짝 데쳐 풋마늘과 된장 등을 넣고 무쳐 먹는다. 봄철 나물의 대명사 격인 냉이나 달래의 맛과 향에 미칠 바는 못 되나 상쾌하니 씹히는 맛이 나름대로 풍미가 있다. 보리 싹과 함께 된장국을 끓여도 그 맛이 각별하다. 그 곰밤부리가 번루였다.

마침 아내의 작은아버님이 수전증으로 고생하고 계셨는데, 한의사가 된 나에게 그 고통을 여러 번 호소하셨다. 눈이 번쩍 뜨였던, 번루가 든 예의 수전증 처방을 썼다. 약을 쓴 지 보름쯤 되었다. 번루 따위가 든 처방이

별꽃
전국의 밭이나 길가에 흔하게 자
라는 두해살이 잡초다.

얼마나 효과가 있으랴 싶었는데 작은 아버님이 전화를 주셨다. "자네, 그 약을 먹고 내 수전증이 말이야, 80~90퍼센트가 좋아졌네, 어떻게 이런 신통한 일이 있는가. 명의일세. 자네는 명의야!"

약을 더 드시길 원하셨지만 때맞춰 번루를 구하기 어려워 차일피일 미룬 것이 속절없이 수년이 지나버렸다. 수전증은 살필 겨를도 없이 어느 날 암 진단을 받으시더니 불과 두어 달 만에 작은아버님은 대학병원의 병동에서 허망하게 세상을 뜨셨다.

《동의보감》을 보면 채소들을 다룬 '채부' 편에 번루가 나온다. "번루는 성질이 평하고 맛이 시다. 달면서 짜기도 하다. 종기로 인한 독을 낮게 하고, 오줌이 지나치게 나오는 것을 그치게 하며, 어혈을 풀고 오래된 악창을 치료한다"라고 나와있다. 또 "계장초라고도 하는데 곳곳에서 많이 난다. 줄기가 넝쿨을 이룬다. 그 줄기를 잘라보면 가는 실 같은 것이 있고 속이 비어있다. 그 생김새가 닭의 창자와 흡사해 계장초라고 한다"라고 했다.

번루는 민간에서 여성의 해산 후에도 썼다. 역시 《동의보감》에 나오는 내용이다. 산후에 나쁜 피가 덩어리가 되어 나오지 않고 복통을 일으키는 경우에 쓴다. 번루를 찧어 즙을 내서 어린아이 오줌에 타서 먹으면 나쁜 피가 다 나온다. 번루는 영양가가 높은 나물이다. 비타민C나 베타카로틴, 플라보노이드가 풍부하다. 또 칼슘과 쿠마린(항응혈제), 암 성장을 저지하는 것으로 알려진 제니스타인, 리보플라빈, 티아민, 비타민B3, 모세혈관을 튼튼히 하는 루틴, 감마리놀렌산 등이 있어서 각종 성인병을 예방하는

봄

당신 곁의 약이 되는 27가지 풀과 나무

별꽃
넝쿨이 제법 억세진 7~8월경 전
초를 채집하여 햇볕에 말려 쓴다.

데도 좋지만 암과 같은 흉악한 질환의 예방에도 좋다.

서양에선 이 번루를 '칙 위드Chick weed'라고 하는데 닭이 잘 쪼아 먹는 풀이기 때문이다. 토끼도 이를 좋아해서 '래빗 위드'라고도 하고, 꽃이 별처럼 생겨서 '스텔라리아stellaria'라고도 한다. 그들 역시 지혈과 진통, 이뇨, 거담, 해열제로 쓴다. 또 습진이나 피부가 튼 데, 곤충에 물렸을 때, 기저귀를 차서 피부가 헌 데 등 피부의 소양증과 상처에 번루의 즙을 쓰기도 한다. 일본에서도 봄철의 일곱 가지 풀이 몸속의 사기를 몰아내고 질병을 예방해준다고 믿고 있는데, 그 봄의 칠초七草 가운데 번루가 들어간다.

번루의 꽃이 피면 계절의 문턱을 넘어선 따사로운 봄의 기운이 산야와 들판에 넘실댄다. 그 앙증맞은 흰 꽃들은 어김없이 피지만, 세상은 어둡다. 부디 모두에게 봄의 따사로움이 전해지길.

찬 기운 몰아내는 족두리풀 세신

'꽃이 피는 건 힘들어도 지는 건 잠깐이더라' 하고 〈서른, 잔치는 끝났다〉의 최영미 시인은 노래했다. 봄날의 뭇꽃들을 보면서 그녀는, 이미 예감된 이별을 아파한다. 꽃늘은 난만히 피어서 온 세상을 아름답게 수놓지만, 지상에 머무는 그들의 시간은 너무나 짧다.

산에서 사는 족두리풀도 봄에 꽃을 피운다. 우리나라 산지 전역에 아주 흔한 풀이어서, 따뜻한 남쪽에선 고사리를 꺾거나 산나물을 뜯으러 다니는 4월 중순쯤이면 쉽게 볼 수 있다. 숲의 비탈진 나무 그늘이나 물기 있는 응달에서 잘 자란다. 추운 지역에서도 5월쯤이면 꽃이 핀다.

중국에서도 알아준 특산 약재, 세신

원래 '족도리풀' 또는 '쪽도리풀'로 불리던 이름이 '족두리풀'로 수정되었다. 족두리풀의 꽃은 예쁘기보다는 특이하다. 도무지 나에겐 족두리같이 안 보여서 좀 궁금하기도 하다. 어째서 우리나라 여자들은 족두리풀의 그 투박한 꽃에서 시집갈 때 쓰던, 곱디고운 '족두리'를 보았을까. 꽃피는 봄날, 산나물 뜯던 처녀들은 연지 찍고 족두리 쓰고 시집가길 바랐을 테고, 나이 먹은 아낙들은 고왔던 그 시절이 그립기도 했겠다.

4월 말 휴일을 틈타 산에 올랐더니 그 족두리풀이 여기저기 눈에 띈다. 널찍한 하트형의 이파리들이 인상적이다. 무성한 제 잎사귀들 밑에 숨어 보라색의 꽃이 핀다. 애써 제 얼굴을 드러내지 않는 것이 규방에 숨어있

족두리풀

꽃모양이 옛날에 신부가 시집갈
때 머리에 이던 족두리를 닮았
다고 해서 족두리풀이다. 뿌리는
5~7월에 채취하여 그늘에서 말
려 사용하며 온화한 약성을 띤다.

는 여인 같다. 그래서일까. 족두리풀의 꽃말이 '새색시'다.

족두리는 원래 몽고인들이 머리에 쓰던 '고고리古古里'가 원형이다. 원의 고려 침탈 때 우리나라에 들어와 족두리가 됐다고 한다. 그래서 족두리는 그 의미가 다중적이다. 꽃다운 신부의 상징이기도 하지만, 또 한편엔 종속 국의 여성들이 겪어야 했던 한과 슬픔이 담겨있다. 꽃 같은 나이에 시집 도 못 가고 원나라에 공녀로 끌려갔던 수많은 처녀의 한이 족두리풀이 되 어 피어났다는 전설도 있다. 그러니, 족두리풀이라는 이름에서 혼례 때 쓰 는 고운 장신구만 연상할 것은 아니다.

족두리풀의 생약명은 세신細辛이다. 세신이라는 이름 그대로, 가늘고 긴 뿌리[細]가 얼큰하니 매운맛[辛]이 난다. 또 은단냄새 같은 독특한 향이 진

하다. 씹어보면 혀끝이 곧 얼얼해지고 마비감이 든다. 이 맵고 얼얼한 기운과 자극적인 방향성이 약이 된다.

이 세신은 예부터 우리나라의 산지에서 나오는 것이 약성이 뛰어나 중국의 옛 문헌에도 그 이름이 자주 보인다. 5세기경 중국 남조시대의 유명한 도사이자 의가인 도홍경陶弘景의 《본초경집주*》에도 나온다. 고구려와 백제에서 생산되는 귀중한 특산 약재로 인삼과 금설(금가루), 오미자, 백부자(돌쩌귀 뿌리), 오공(지네), 곤포(다시마), 무이(느릅나무 씨) 등과 함께 세신이 기록되어있다. 우리나라 세신이 무려 1천6백 년 전 조공품이나 교역품으로 바다를 건너는 귀한 대접을 받았던 것이다. 고려 삼蔘만 극진한 대접을 받은 것이 아니고 족두리풀의 뿌리, 세신도 그랬다.

얼음을 녹이는 봄의 기운 같은 약

《동의보감》에 세신은 "성질이 따뜻하고 맛이 몹시 맵지만 독이 없다. 풍습**으로 인해 몸이 저리고 아픈 데 쓴다. 배 속을 데우고 기운을 내린다. 찬 기운에 상해 목구멍이 붓고 아픈 것, 코가 막힌 것을 치료한다"라고 했

---

* **본초경집주** 本草經集注
중국 양나라 도홍경이 5세기 말경에 편찬한 본초학서로, 전 7권으로 구성되어 있다. 《신농본초경神農本草經》을 증보하여 주註를 단 의학서다.

** **풍습** 風濕
풍사와 습사에 의해 뼈마디가 저리고 아픈 증상. 풍은 바람이 잘 이동하듯 아픈 곳이 고정되지 않고 여기저기 움직이는 것, 습은 사기가 한곳에 머물러서 무겁고 잘 부으며 통처가 일정한 것을 가리킨다. 골관절염, 류머티즘성관절염, 슬개건염, 강직성척추염 등이 해당된다.

다. 또 "머리가 자주 아프고 메스껍고 어지러운 증상이 나타나는 두풍頭風을 없애고, 눈을 밝게 하며, 치통을 멎게 하고, 담을 삭이고, 땀이 나게 한다"라고 적고 있다.

세신은 감기에 가장 많이 쓴다. 초기 감기에도 쓰지만, 체질이 약하고 추위를 많이 타는 노약자의 콧물감기 등에 주로 쓴다. 세신에 마황과 부자를 넣은 마황부자세신탕은 원기가 약해 늘 피로한 허약자의 감기에 직방이다.

조금만 날씨가 춥거나 찬바람을 쏘이면 그냥 감기에 걸리는, 원래부터 수족이 차고 추위를 많이 타는 환자들의 유행성 감기나 기관지염, 천식에 주로 쓴다. 몸은 으슬으슬 춥지만 크게 열도 없고 땀도 나지 않고 콧물과 재채기가 심한 증상이나, 만성적인 알레르기 비염, 천식에도 드라마틱한 효과를 낸다. 병원에서 손을 든, 수십 년 된 비염과 천식을 이 약으로 완치한 사례가 꽤 된다. 영감강미신하인탕, 소청룡탕 등도 세신이 들어가는 약이다. 역시 급만성 감기와 비염 등의 명약이다.

겨울의 찬 기운에 꽁꽁 얼어붙은 시냇물을 맵고 뜨거운 힘으로 녹이고 풀어서 졸졸졸 흐르게 하는, 무르익은 봄의 기운 같은 약이라고 할까. 비유하자면 세신이 바로 그런 약물이다. 고전적인 표현을 빌리면 '찬 기운이 뭉친 얼음[寒鬱]을 녹여서 수원水源을 통하게' 하는 약이다.

그러나 세신은 감기와 비염, 천식에만 쓰는 약은 아니다. 배 속의 오래된 숙음宿飮으로 늘 배가 아프고 차가운 고질병과, 만성적인 냉증으로 관절 등이 쑤시고 아픈 내·외과의 제반 통증질환에도 많이 쓰인다. 류머티즘성관절염이나 급만성 좌골신경통, 삼차신경통 같은 증상은 세신이 없으면 안 된다.

세신은 또 항균작용도 뛰어나서 구강점막의 염증이나 치은염에 세신을 가루 내 참기름이나 꿀에 개어 바르면 효과가 좋다. 화농성 감염증에도 세신 가루를 바르면 잘 아문다. 치아의 신경통에도 좋고, 입에서 냄새가 나는 구취증에도 좋다. 한 번에 6g 정도를 끓여 자주 입에 머금으면 구취가 없어진다.

세신에는 진정작용을 하는 메틸오이게놀과 페놀 등 휘발성 정유 성분이 있다. 또 진통, 진해, 해열 작용을 하는 성분도 있다. 세신의 정유 성분은 마취효과도 낸다. 주의할 것은 다량으로 쓰면 호흡근의 마비를 일으킬 수 있다는 것. 《본조강목》은 "세신을 홀로 쓸 때는 2g을 넘어서는 안 된다. 만일 많이 쓰면 숨이 막혀서 죽을 수 있다"라고 했다. 단방으로 쓸 때는 유념할 일이다.

곤충학자 정부희 씨의 《곤충의 밥상》이란 책을 봤더니 족두리풀에 관한 얘기가 있다. 호랑나비와 비슷하게 생겼지만 몸집이 좀 더 작은 애호랑나비가 애벌레 시절 유일하게 먹고 자라는 풀이 이 족두리풀이라고 한다.

성충인 애호랑나비는 족두리풀에 알을 낳고, 태어난 애벌레는 족두리풀 밥상에서 푸짐하게 식사를 하고 자라서 나비가 된다. 애호랑나비는 족두리풀만 먹고 자라도록 적응되었기 때문에 족두리풀이 없어지면 애호랑나비도 생존할 수 없다고 한다. 그저 족두리풀이 사라지지 않기를 바라는 수밖에 없겠다.

족두리풀의 꽃은 땅에 붙다시피 피는 데다 향기도 좋지 않아 나비나 벌이 꼬이지 않는다. 대신 파리가 단골손님이다. 나름의 생존전략이겠지만 지저분하게 왜 그런 선택을 했나, 궁금하다.

두뇌를 총명하게 하는 계곡의 풀 석창포

　청정한 계곡 주위로 수백 년 된 비자나무숲이 아름다운 화순 천태산 개천사에서 금요일 저녁마다 열댓 명의 속인俗人들이 모여 경전을 읽는다. 주시 스님이 《숫타니파타》 강의와 참선을, 도빈 한 명이 대극권을 지도한다. 모두들 회색의 도시를 벗어나 졸졸거리며 물안개를 피우는 계곡을 찾아서 그 물로 목을 축이고 소슬한 산사의 정취를 누린다. 계곡 주변의 때죽나무, 찔레, 금은화 꽃향기가 한데 어우러져서일까. 잠깐 세상을 떠나온 것뿐인데 산사의 밤이 꿀보다 달콤하다.

　스님들이 머무시는 거처의 불빛마저 꺼지면 칠흑 같은 어둠 속에서 반딧불이가 수를 놓는다. 이 산의 계곡 바위틈과 그늘진 돌무더기 위에 석창포石菖蒲가 도 닦는 은자처럼 숨어 산다. 노자는 "곡신谷神은 죽지 않는다. 이를 현빈玄牝이라 한다. 이 현빈의 문을 천지의 뿌리라 한다"라고 했다.

천태산의 조그만 계곡들엔 '곡신'이 살아있다. 멸종 위기의 반딧불이가 보이는 것이 그 증거다. 오염되지 않은 청정한 계곡과 하천에 반딧불이가 살고, 그 계곡엔 반딧불이의 먹이가 되는 다슬기가 살고, 바위와 돌에는 이들이 먹고살 만한 이끼류가 붙어산다. '현빈의 문'으로부터 나온 계곡의 물은 이들을 키우며 쉼 없이 흐른다.

머리 감는 데 쓰는 창포와는 달라

석창포는 맑은 물과 이슬로 몸을 씻고 바위틈에 뿌리를 내리며 산다. 오래전 우연히 이 산에 겨울 등산을 왔다가 발견한 석창포는 한겨울에도 푸르고 싱싱한 잎줄기를 자랑했다. 잎사귀를 뒤척이면 은은한 향기가 손에 뱄다. 한의사가 약초의 실물을 직접 보고 그것이 자라는 곳을 살피는 순간의 기쁨을 무엇과 비할 수 있을까. 마치 숨겨진 보물을 찾은 듯했다. 뿌리의 생김새를 보고 돌아와 부리나케 자료를 뒤졌다.

흔히 창포 하면 보라색이나 노란색 꽃이 피는 붓꽃과의 꽃창포를 떠올리기 쉽다. 이름은 비슷하지만 꽃창포는 5월 단오에 물에 끓여서 머리 감는 창포속의 식물과는 조금도 관련이 없다. 약재로도 쓰지 못한다. 약용으로 쓰는 것은 천남성과의 창포인데 여기엔 두 가지가 있다. 창포菖蒲와 석창포다. 둘 다 물을 좋아하지만 창포는 주로 호숫가나 연못가의 습지에서, 석창포는 냇가나 산간 계곡의 흐르는 물가 바위틈이나 돌무더기 사이에서 자란다.

약용으로 쓴다지만 창포는 그 상태와 맛, 약성이 달라 거의 쓰지 않는다. 단오에 머리 감는 데 쓰는 정도다. 뿌리를 캐서 씹어보면 비린내가 난다. 맵고 알싸한 맛의 석창포와 확연히 다르다. 민간에서는 비린내 나는 이 창포를 백창白릅 또는 수창水릅이라고 한다. 한때 약재상들이 이 창포를 썰어다가 석창포라고 유통하는 일이 많았다.

석창포는 또 구절창포라고도 한다. 석창포의 뿌리는 얼핏 지네처럼 보일 만큼 마디가 많은데, 한 치 길이에 아홉 마디는 되어야 약효가 나는 것으로 여겨졌다. 창포와 석창포는 외견상으로 쉽게 식별할 수 있다. 창포는 보통 키가 60~90cm 정도로 자라고 잎줄기가 뿌리에서부터 곧게 선다.

석창포
뿌리 한 토막에 아홉 개의 마디
가 있는 게 좋고, 뿌리가 땅 위로
올라와 푸르게 변한 부분은 쓰지
않는다. 처음 캤을 때는 속이 비
어있고 부드럽지만 말리고 나면
속이 단단해진다. 마디를 잘라보
면 가운데의 색깔은 붉고 씹어보
면 맵다.

봄

잎맥이 있어서 꼿꼿하다. 뿌리가 대나무 뿌리처럼 굵고 마디가 성기며 통통하다. 석창포는 아무리 자라도 30~50cm 정도다. 가는 잎줄기가 옆으로 비스듬히 누워 자란다. 석창포의 잎줄기는 마치 양날이 선 칼, 검처럼 매끈하게 생겼다. 그 때문에 '수검초水劍草'라고도 불린다. 옛날 도인들이 석창포를 가리키며 속인들이 잘 모르게 쓰던 은어라고 한다. 무더기로 자라는 모습이 흡사 부추와 같다고 하여 '요구蕘韭'라고도 하는데 남북조시대 유송劉宋(420~479)국 왕건평王建平의 저술인《전술》에 "요임금 시대에 하늘의 정기는 밭으로 내려와 부추가 되고, 음기는 감응해 창포가 되었다"라고 한 데서 유래한다.

중국 명대 의가醫家 이시진의《본초강목》은 요즘의 어느 서적보다도 그 차이를 상세하게 기술하고 있다.

"못이나 늪지에 나며, 잎줄기가 부들을 닮고 뿌리가 굵고 높이가 두세 자까지 자라는 것은 니창포泥菖蒲다. 백창白菖이라고도 한다. 시냇물이나 산간 계곡에 나며, 부들을 닮은 잎줄기에 뿌리가 가늘고 높이가 두세 자까지 자라는 것은 수창포水菖蒲다. 계손溪蓀이라고 한다. 이들과 달리 물과 돌 사이에 나며, 뿌리가 수척하고 촘촘한 마디가 있으며 높이가 겨우 한 자 남짓 자라는 것이 석창포다. 관상용으로 심기도 하는데 한 해가 지나 봄이 되어 잎을 잘라주면 자를수록 잎이 가늘어지고, 숟가락 자루처럼 뿌리의 마디가 변한다. 그중 뿌리의 길이가 두세 푼, 잎의 길이가 한 치쯤 되는 석창포를 특별히 전포錢蒲라고 부른다. 약재로는 석창포를 써야 하며, 나머지는 모두 적당치 않다. 석창포는 새 잎이 묵은 잎을 대신하며 자라나므로 사계절 내내 푸르다."

막힌 심장의 구멍을 뚫어주는 약

세간에 함초 박사로 유명한 해남의 박동인 씨를 만난 적이 있다. 그는 꽤나 까다로울 듯한 이 석창포를 엉뚱하게도 비닐하우스에서 대량 재배하는 데 성공한 사람이다. 유기농 퇴비를 써 생육을 촉진해 2~3년이면 출하가 가능할 정도로 키워냈다. 신통방통한 일을 한 그는 이 석창포가 앞으로 대단히 주목받는 약재가 될 것이라고 호언했다. 왜 그런가 물었다. 그는 대뜸 "이젠 두뇌의 시대 아니냐. 바로 머리를 좋게 하는 약이 석창포다. 도시에 살면 스트레스가 많아 심혈관질환이 늘어난다. 그런데 석창포는 막힌 심장의 구멍을 뚫어주는 약이다. 또 눈을 밝게 하고 귀도 잘 들리게 하며 목소리도 잘 나오게 한다. 그러므로 현대인에게 갈수록 긴요한 약물이다"라며 거침없이 쏟아냈다. 걸걸한 그 목소리를 가만히 듣고 보니 요즘 사람들에게 딱 필요한 약이다.

《동의보감》을 보면 "석창포는 심장의 구멍을 열어주고 오장을 보하며 구규*를 잘 통하게 한다. 눈과 귀를 밝게 하며, 음성이 잘 나오게 한다. 건

---

* **구규** 九竅
눈, 귀, 코의 여섯 구멍과 입, 항문, 요도의 세 구멍

망중과 치매를 낫게 하고 머리를 총명하게 한다"라고 기술하고 있다. 현대인의 두뇌와 오관과 심장을 위해 자연이 꽁꽁 숨겨두었던 비약이 바로 석창포다.

과거 신선술을 꾀하는 방사들에게 석창포는 불로장생의 약이었다.《도장경》에도 "수초水草의 정영精英이자 신선의 영약"이라고 기록할 정도였고《신농본초경》에도 상약 중에서 으뜸으로 치고 있다. 한나라 때 유향의《열선전*》에 나오는 상구자서의 이야기는 그런 불로장생의 고전적 '썰[說]' 중 한 예다.

상구자서는 나이가 300살이 되도록 조금도 늙지 않았는데, 궁벽한 곳에서 돼지를 기르고 '우'라는 악기를 불며 살았다. 주변에서 그에게 불로의 술법에 대해 물으면 "석창포의 뿌리를 삽주와 함께 먹고 물을 마시면 배고프지도 않고 늙지도 않게 된다"라고 했다. 그에 대한 소문을 듣고 황실의 귀인들과 부호들이 찾아와 석창포를 복용했지만 모두들 1년을 견디지 못하고 그만두었다. 우리나라《향약집성방》의〈신선방神仙方〉도 이 얘기를 싣고 있다.

그런데 사실 현대인이 솔깃해할 석창포의 효능은 '불로장생의 영약'이 아니다. 그런 '썰'은 믿거나 말거나다. 그보다는 박동인 씨의 말이 훨씬 설득력이 있다. 그렇다면 무슨 약리적 성분이 있어서 석창포가 이런 효능을

---

* **열선전** 列仙傳
선인仙人의 행적을 주요 내용으로 하고 장생불사를 중심 주제로 한, 현존하는 중국 최초의 신선 설화집이자 신선 전기집

내는 걸까. 솔직히 말하면 현대적 약리연구는 그 내용이 턱없이 부족하고 불만족스럽다.

석창포 뿌리에는 '아사론'이라는 휘발성 정유 성분과 페놀성 물질이 함유되어있는데, 이것들은 심신을 안정시키고 흥분을 진정시키는 효과가 있다. 장관에서 소화액의 분비를 촉진하고 근육의 경련을 푸는 진경작용을 하기도 한다. '베타-아사론'이라는 성분은 관상동맥의 혈류량을 증가시키는 작용을 한다.

이런 몇 가지 약리적 이해만으로 《신농본초경》과 여타 본초서에 쓰인 개심공, 보오장, 통구규, 총이명목, 출음성, 불건망을 다 설명할 수가 없다.* 고인들이 '뻥'이나 치며 없는 소리를 만들어내는 이들은 아니었을 테니 믿을 수밖에.

두뇌를 총명하게 하는 총명탕의 재료

최근 국내에서 나온 석창포에 대한 연구논문들을 보면 학습능력과 기억력 향상, 알츠하이머형 치매와 건망증 개선 등에 석창포가 상당한 효과가 있는 것을 알 수 있다. 자폐아들에게도 임상적 효과가 있다. 석창포의

---

* **개심공** 開心孔: 심장에 있는 구멍을 열어 통하게 함
보오장 補五臟: 간, 심, 비, 폐, 신 등 오장을 보함
통구규 通九竅: 눈, 코, 귀, 입, 항문, 요도 등 인체에 있는 아홉 개의 구멍들을 잘 통하게 함
총이명목 聰耳明目: 눈과 귀를 밝게 함
출음성 出音聲: 목소리를 좋아지게 함
불건망 不健忘: 잘 잊어버리고 귀가 먹어 들리지 않는 것을 치료함

메탄올 추출물이 비장의 T림프구를 증가시키고 백혈병 암세포에 대해 강한 세포독성을 발휘한다는 연구결과도 나온 바 있다. 암을 예방하는 효소를 유도하는 효과가 있다는 연구결과도 있다.

우리나라에서 수험생을 둔 부모라면 한번쯤 들어봤을 '총명탕'의 주된 재료가 바로 석창포다. 여기에 원지, 복신 등 두 가지 약물이 더 들어가 그 효과를 극대화한 처방이 총명탕이다. 중요한 것은 석창포 한 가지만으로도 두뇌가 맑아지고 기억력이 증진되는 효과가 크다는 것이다. 고전적인 사례도 많은데, 갈홍의《포박자》에 나오는 한중의 얘기가 인구에 회자된다. 그는 석창포를 13년 동안 먹고 추위를 모르게 됐고, 하루에 만언萬言을 외울 정도로 기억력이 좋아졌다고 한다.

석창포는 뿌리만 약효가 있는 것이 아니어서 잎과 꽃을 모두 약으로 쓸 수 있다. 잎을 달인 물로 머리를 감으면 모발이 윤기가 나고 비듬이 없어진다. 차로도 만들 수 있다. 창포잎을 덖거나 데쳐서 비빈 다음 건조시키면 창포잎차가 된다. 꽃 역시 잘 말려두었다가 뜨거운 물로 우려내면 향기로운 차가 된다. 모두 두뇌의 기능을 증진시키고 눈과 귀를 밝게 하므로 수험생이나 정신노동자에게 유용하다. 중풍이나 관상동맥경화 같은 혈관질환을 예방하는 데도 도움이 된다.

사실 석창포의 약리적 쓰임새는 상당히 범위가 넓다. 앞서 이야기한 효능 외에도 조울증이나 정신분열과 같은 중증질환에도 효과가 있고, 비위의 기능이 떨어져 오심, 구토가 심할 때도 쓰인다. 또 풍습으로 인해 열이 나고 오한이 들거나 관절과 근육이 쑤시고 아플 때도 쓰인다. 창포즙은 구강을 청결하게 하는 효능이 뛰어나다. 또 농이 멈추지 않는 궤양이나 피부염증 등에 분말로 만들어 뿌리면 쉽게 가라앉기도 한다.

옛날부터 석창포는 문인과 학자의 벗이 되어왔다. 뿌리를 차처럼 달여 마시면 머리가 맑아지고 기억력이 좋아지는 약효로도 그렇지만, 화분에 심어 곁에 두면 등불이나 촛불 아래서 글을 읽을 때 그을음과 연기를 흡수해 눈의 피로를 덜어주는 효과가 있기 때문이다. 또 창포잎에 맺힌 이슬을 받아 눈을 씻으면 대낮에도 별이 보일 정도로 눈이 밝아진다고 해서 더 사랑을 받았다. 사계절 변함없이 푸름을 간직하며 수석과 어울리는 조촐한 운치를 지녀 중국과 조선의 글깨나 쓰는 선비치고 석창포에 대한 시를 남기지 않은 이가 없을 정도였다. 문방사우에 더하여 문방오우의 하나로 불리기도 했다.

요사이 이 석창포가 분재로 나오기도 한다. 그러고 보면 서책을 가까이하며 정좌하기를 게을리하지 않았던 옛 선비의 모습이 아주 잊히진 않은 것 같기도 하다. 소란스러운 주변을 잠시 여의고 소담한 창포 한 포기를 벗 삼아 눈과 귀를 밝혀보는 것도 좋겠다.

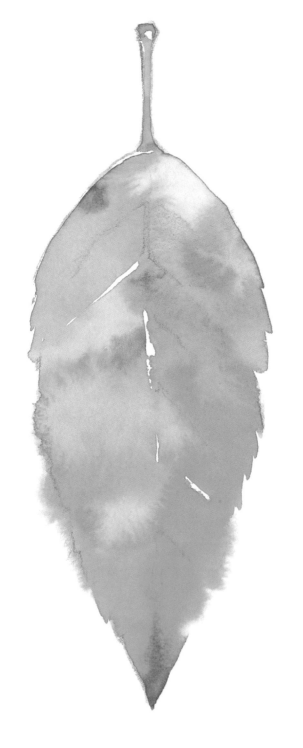

2

여름

온 세상이 녹색이다. 짙은 녹음이 덮고 있는 한 철의 세상을 여름이라고 부른다. 그 녹색 세상의 일부를 흠집 내어 푸르름을 없애고, 콘크리트를 들이붓고 우레탄을 씌워서 흙조차 없앤 뒤 도시라고 한다. 숨통이 턱턱 막히는 도시의 화차 안에서 모두들 무슨 꿈을 꾸는 걸까. 짙푸른 녹색의 눈을 뜨고 보면 인간 세상은 무지와 탐욕이 정교하게 빚어낸 허구의 세상이다. 중생을 위해 독을 삼켜 목이 푸른, 관세음처럼, 세상을 치유할 약을 품고 산과 들판의 여름은 시퍼런 가슴앓이를 한다.

세상 모든 여성질환에 모란,
근육질환에 작약

'화중지왕花中之王'. 꽃 중의 왕. 모든 꽃이 그 앞에서 머리를 조아리는 꽃. 무슨 꽃일까. 모란이다. 이 꽃을 '국색천향國色天香'이라고도 했다. 나라의 최고 미녀요, 가장 빼어난 향기를 자랑한다는 뜻이다. 꽃으로 누릴 수 있는 최고의 영예다. 별의별 예쁜 꽃이 많은 요즘에는 화중지왕에 대해 달리 볼 수도 있겠다. 이국적이고도 늘씬하고 농염한 꽃이 얼마나 많은가. 그렇지만 중국이나 우리나라 등 적어도 동아시아 안에선 이 모란을 꽃 중의 꽃, 미녀 중의 미녀로 쳤다. 당나라의 절세미녀 양귀비도 이 모란꽃에 비유했다.

모란꽃을 얘기하는데 시성 이백李白의 시가 빠질 수 없다. 어느 봄날 당나라 현종이 양귀비와 함께 침향정에 나와 활짝 핀 모란꽃의 아름다움에 취했다. 난간에 기대앉은 양귀비를 보다가 어느 것이 사람이고 어느 것이 꽃인지 분간을 할 수 없었다. 당장 한림봉공 이백을 불러들이라 명했다. 술집에서 거나하게 취해있다 창졸간에 끌려온 이백은 몸도 제대로 가누지 못했다. 한 바가지 물세례를 받고서야 정신을 차린 이백이 거침없이 붓을 놀리니 세 편의 시가 경각에 이뤄졌다. 이것이 그 유명한 〈청평조사 清平調詞〉 3수다. 그중 세 번째 시다.

꽃과 절세미녀가 서로를 보고 즐거워하니 名花傾國兩相歡

바라보는 군왕의 입가에 절로 웃음이 일도다. 長得君王帶笑看

향기로운 봄바람이 온갖 근심을 녹일 새 解釋春風無限恨

침향정 북쪽 난간에 기대어 섰구나. 沈香亭北倚欄干

모란

모란

미나리아재빗과에 속하는 낙엽
관목. 중국이 원산지로, 우리나라
에는 신라 진평왕 때에 들어왔다
고 알려져있다. 5월에 꽃을 피우
며, 피는 기간은 2~3일이지만 꽃
잎이 많은 종류는 7~10일간 피
기도 한다. 꽃은 아침부터 피기
시작하여 정오에 절정에 달한다.

작약

미나리아재빗과에 속하는 다년
생 초본식물. 꽃이 크고 탐스러
워서 함박꽃이라고도 한다. 꽃은
5~6월에 피는데 백색, 적색 등
여러 품종이 있다. 한방에서는 뿌
리를 약재로 사용하며, 약성은 차
고, 맛은 시고 쓰다. 민간에서는
빈혈에 사용하기도 한다.

모란은 한자명으로 목단牧丹이다. 모란이란 이름이 여기서 유래했다. 목작약木芍藥이라고도 하는데 모양이 작약芍藥과 비슷하기 때문이다. 모란과 작약은 둘 다 미나리아재빗과이지만 모란은 나무이고 작약은 풀이다. 이둘은 꽃과 잎, 전체적인 생김새가 서로 비슷하다. 꽃피는 시기도 5~6월경으로 비슷하다. 각별히 관심이 있지 않으면 구분하기 어렵다. 그래서 초본 (풀)인 작약을 일부러 초작약草芍藥이라고도 한다.

이리 봐도 예쁘고 저리 봐도 예쁘다는 뜻으로 '앉으면 모란, 서면 작약'이라는 말도 있다. 그렇게 모란과 작약은 우열을 가리기 어렵다. 그러나 화품의 품계를 정확히 따지면 작약이 모란보다 한 급 밀린다. 예부터 화왕을 모시는 재상이란 뜻으로 화상花相이라고 해왔기 때문이다. 그래서 화왕인 모란이 만인지상萬人之上이면, 화상인 작약은 일인지하一人之下다. 모란이 먼저 피고 작약이 그 뒤를 따라 피기 때문에 마치 재상이 왕을 보필하는 듯해서 그 품계를 정했다는 얘기도 있다. 어디까지나 옛사람들의 품평이다.

측천무후의 명령도 거부한 화왕

모란은 줄기가 여러 갈래로 갈라지며 키가 1m 정도 자라는 작은 나무다. 5~8조각의 꽃잎들로 이뤄진 적자색 혹은 백색의 꽃은, 피어서 일주일쯤 지나면 김영랑의 시 〈모란이 피기까지는〉의 시구절에서처럼 '봄을 여읜 설움에 잠긴 듯' 어느새 꽃잎이 뚝뚝 지고 만다. 《삼국사기》의 선덕여왕 이야기에도 나오지만 모란은 원래 향기가 없는 꽃으로도 잘 알려져있다. 난초의 향기를 유향幽香이라 하고 매화의 향기를 암향暗香이라 하면서 모란의 향기는 이향異香이라 한 까닭은 별다른 향기가 없기 때문이라고 하겠다. 그러나 꽃은 향이 없는 데 반해 뿌리껍질인 목단피牧丹皮는 향이 진하다. 끓여놓으면 그 냄새가 고약할 지경이다. 비위가 약한 이는 냄새를 맡는 것도 무척 힘들다. 목단피가 들어가는 약은 맛도 조금 성가셔지기 때문에 다른 약과 배합할 때 신경을 쓰게 된다. 그래서 단방으로 목단피를 쓰기는 좀 어렵다. 또 약성이 뚜렷한 약재이므로 더더욱 함부로 쓸 수 없다.

전통적으로 모란은 청열양혈淸熱凉血 하는 소중한 약으로 쓰였다. 청열양혈이란 피가 뜨거워져 솟구치거나 몸에 열이 나고 피부에 반진斑疹이 돋는 증상들을 다스린다는 말이다. 예를 들면 땀도 안 나는데 뼛속에서 열이 나는 듯한 증상 등에 모란을 쓴다. 이를 힌의학에선 '음陰 속에 들어간 화火를 사瀉한다'라고 한다. '육미지황환六味地黃丸'이란 유명한 한약에 이 모란이 들어간다. 물론 약으로 쓰는 것은 목단피 즉, 모란의 뿌리껍질이다. 단단한 목심부를 제거하고 껍질을 말려 쓴다.

《동의보감》에는 모란의 뿌리껍질에 대해 "성질이 조금 차고 맛이 쓰고 매우며 독이 없다"라고 쓰여 있다. 또 "배에 생긴 단단한 덩어리와 어혈을 없앤다. 피가 몰려 생긴 요통을 낫게 한다. 종기의 고름을 빼내고 타박상으로 인한 어혈을 삭게 한다"라고 했다. 여성질환에 많이 쓰이는데 경맥經脈이 막혀 생리가 나오지 않는 증상과 산후에 일어나는 제반 기혈氣血

목단피(모란 뿌리껍질)

맛은 조금 쓰고 매우며 성질은 약간 차다. 혈열血熱로 인한 생리 불순, 생리통, 토혈, 코피, 반점이 나타나는 증상, 허열로 인해 뼛골이 쑤시는 증상, 혈압 상승, 타박상, 소염 진통, 종기 치료 등에 사용하며 가슴 답답증을 없애준다.

병을 치료한다.

우선 목단피는 항균, 소염 효능이 뛰어나다. 티푸스나 대장균, 포도상 구균, 이질균, 콜레라균에 항균작용을 한다. 또 원인이 무엇이든 고열로 인한 토혈이나 코피, 혈뇨, 항문의 출혈 등에 효과가 있다. 과로로 인한 요통과 관절통, 타박상으로 어혈이 생긴 증상에도 좋다. 청혈진정清血鎭靜 효과가 있어 신경성 두통에도 쓸 수 있다. 또 만성 비염이나 비갑개의 종창에도 치료효과가 있다. 류머티즘열의 초·중기에도 쓴다.

모란은 낙양화, 백량금百兩金, 부귀화富貴花라는 다른 이름으로도 불린다. 낙양화는 '중국의 낙양에서 핀 모란이 가장 아름답다' 해서 붙은 이름이라고 한다. 그런데 북송 때 문인 구양수의 〈낙양목단기洛陽牧丹記〉에는 모란이 낙양화가 된 전설이 좀 다르게 전해진다. 절대 권력을 과시하던 당나라의 여황제 측천무후가 어느 겨울 꽃들에게 명령을 내렸다.

"내일 아침 상원上苑에 놀러갈 테니 늦지 말고 모두 꽃을 피우라."

이 명령을 나무판에 써서 걸어두자 다음 날 아침 모든 꽃이 무후의 명령대로 일제히 폈다. 그런데 오직 꽃의 왕 모란만이 오만하게 따르지 않았다. 불을 때서 억지로 꽃을 피우게 했지만 소용이 없었다. 화가 난 무후가 상원의 모란을 모두 뽑아 낙양으로 추방해버렸다. 이 때문에 모란을 낙양화로 부르게 됐는데 그때 모란이 불에 그슬린 탓에 줄기가 검은빛을 띠게 됐다고 한다.

백량금은 모란이 황금 100량만큼이나 귀하다는 데서 나온 것이고, 부귀화는 부귀를 가져다주는 꽃이라는 뜻이다. 우리나라 조선 후기 민화에도 이 모란이 단골로 나오는데, 역시 부귀영화를 상징하기 때문이다. 왕가의 하연賀宴을 비롯해 서민의 전통 혼례복이나 심지어 신방新房의 병풍에도 이런 의미로 모란이 많이 그려진다.

선비 닮은 예기의 꽃

화왕 모란과 함께 짝을 이루는 꽃의 재상 작약도 모란 못지않게 꽃 모양이 화려하고 넉넉하다. 그래서 우리말 이름도 함박꽃이다. 붉은색, 분홍색, 백색 등으로 꽃이 피는데 변종이 많아서 꽃의 색도 무척 다양하다. 중국에선 서기 3세기경인 진晉 대에 이미 관상용으로 재배되었다고 한다. 모란보다 그 역사가 더 오래됐다고도 전해진다. 모란이 풍염한 절세미녀나 군주라면 작약은 재주 있는 선비나 예기藝妓를 연상시킨다. 원래 작약의 작芍은 얼굴이나 몸가짐이 아름답다는 뜻을 담고 있다고 한다. 흔히 작약의 뿌리를 약용할 때 백작약과 적작약으로 나누는데 이는 당나라 때《본초습유》에서 시작된 것이다. 그 전에는 약으로 쓸 때 그다지 구분하지 않았다. 일반적으로 백작약은 보혈補血약으로 쓰며 적작약은 목단피와 같은 청열사화약으로 쓴다. 백과 적의 구분은 일단은 꽃 색깔로 하지만 약재로 쓸 때는 흔히 외피를 벗겨내지 않은 것을 적, 벗겨낸 것을 백으로 쓴다.

작약이 우리나라 문헌에 처음 등장하는 것은 고려 의종 때다. 의종이 상림上林에서 꽃을 보다가 군신君臣에게 작약을 소재로 시를 올리라 했더

작약

백작약 뿌리
혈맥을 잘 통하게 하며 어혈을
삭게 한다. 여성의 모든 병과 산
전산후의 여러 가지 병에 쓰이며,
월경을 통하게 한다.

니, 그중 황보탁皇甫倬의 시가 으뜸이었다. 이로 인해 황보탁의 문명文名이 일세에 드날리게 됐다고 한다. 또 충렬왕의 비妃 제국공주가 수영궁 향각의 어원에서 만개한 작약을 보고 시녀에게 한 송이 꺾어날라 하여 손에 들고 감상하다 갑자기 눈물을 흘렸다는 얘기가 《고려사》에 전해진다.

그러나 원예종으로 심기 이전부터 우리나라 산야에도 자생하는 작약이 있었다. 그동안 마구잡이로 채취한 탓에 요새는 깊은 산중에서나 귀하게 만날 수 있다. 환경부 지정 멸종위기 2급 식물로 함부로 채취하면 큰일 난다. 잎사귀나 뿌리의 생김새가 재배 작약과는 약간 차이가 난다. 꽃도 홑꽃으로 다르다. 적색과 백색의 2종이 있는데 나의 경험으로 보면 백색이 흔히 보이고 적색의 꽃이 귀하다.

작약에 관련된 아름답고 애틋한 전설이 하나 있다. 중국 쓰촨성에 한 선비가 홀로 살고 있었는데 만나는 사람도 없이 하루 종일 책이나 읽고 지내니 적적하기 그지없었다. 매일같이 대하는 것이 책이고 가끔 뜰에 나가 작약을 보는 것이 고작이었다. 그러던 어느 날 그의 집에 미모의 처녀가 찾아왔다. 그녀는 선비의 시중들기를 간청했다. 처녀는 하루 종일 집안일을 도맡아 하면서 현숙한 데다 교양도 있고 글재주도 있어 어느새 선비의 말동무가 됐다. 그렇게 선비는 이 처녀와 밀월같이 달콤한 생활을 하게 됐다.

그러던 어느 날 전부터 알고 지내던 유명한 도인이 선비를 찾아왔다. 그래서 처녀를 인사시키려는데 아무리 찾아도 기척이 없었다. 선비는 처녀를 찾아 여기저기 둘러보다가 담벼락에 몸이 스며든 채 얼굴만 내민 그녀를 만났다. 처녀의 말이 자신은 작약의 화정花精인데 선비를 흠모해 오래 모시려 했으나 도인이 와서 정체를 간파당해 숨게 되었노라고 했다. 더 이상 인간 세상에서 선비와의 인연을 지속할 수가 없게 되었다면서 서서히 얼굴이 담벼락 안으로 들어가더니 마침내 모습을 감추고 말았다. 선비는 망연자실했다가 그 후 수년을 넋을 잃은 이처럼 지냈다.

작약, 세상 모든 약초의 절반

한방에선 작약의 뿌리를 약용한다. 《동의보감》에는 "성질이 평하고 약간 차며 맛은 시고 쓰다. 조금 독이 있다"라고 했다. 주된 효능은 "몸이 저리고 쑤시고 아픈 것을 낫게 하고 혈맥을 잘 통하게 하며, 굳어지고 뭉친

내장근과 골격근을 정상화하고, 악혈惡血을 흩어지게 하고, 종기를 가라앉힌다. 또 극심한 복통을 멎게 한다. 일체의 여성병과 산전, 산후 제병에 쓴다. 생리가 잘 나오게 하며 치루와 등창 등에도 쓴다"라고 했다.

작약은 적작약과 백작약으로 나눠서 그 약성을 따지지만 솔직히 적백의 구분에 큰 의미가 없다는 생각이다. 우선 작약의 가장 큰 효능은 보혈補血이다. 혈허血虛로 인한 모든 병증에 쓰인다. 그러나 단독으로 써서는 큰 효과가 없다. 당귀나 숙지황 등 다른 보혈제와 가미해 쓸 때 효과가 있다. 또 하나의 효능은 통증과 경련을 그치게 하는 지통지경止痛止痙의 효과다. 그렇다고 작약이 진통제나 항경련제인 것만은 아니다. 어쨌든 여러 가지

적작약   **백작약**

당신 곁의 약이 되는 27가지 풀과 나무

급만성의 통증질환 및 경련증상에 대단히 효과가 좋다. 이를테면 위경련 등에 작약을 위주로 다른 약재를 적절히 가미하면 금방 효과를 본다. 다리에 쥐가 나는 증상에도 작약이 즉효를 보인다. 복부의 경련성 통증에도 다량의 작약을 쓰면 해결된다.

일반적으로 적작약의 효능으로 분류되지만, 작약은 열로 인한 출혈 증상을 치료하는 데도 우수한 효과가 있다. 어혈을 흩어지게 하므로 뇌졸중에 의한 편마비나 폐색성혈전혈관염 등에도 쓰인다. 여성의 생리질환이나 산후병을 치료할 때도 없어서는 안 될 약이기도 하다. 작약을 잘 쓸 수 있다면 한의학의 절반을 정복한 것이라는 얘기가 있다. 사실 한의학의 절반이라기보다는 광대무변한 약초의 세계에서 그 절반이 아닐까도 싶다. 그 정도로 작약은 온갖 질환에 쓰여서 중요하고도 큰일을 해내는 약물이다. 감기에서부터 중풍, 각종 내상질환의 치료까지 작약을 빼놓고는 한의학을 이야기하기 어렵다. 여기서는 작약이 펼치는 치유의 세계를 간신히 곁눈질하는 정도로 만족해야겠다.

병든 마음을 치유하는 자귀나무

    어느 해 여름 강력한 태풍이 한차례 휩쓸고 지나간 뒤 산을 오를 때마다 적잖이 충격을 받곤 했다. 큰 나무들이 뿌리째 뽑히거나 몸통이 부러진 게 부지기수였다. 남쪽의 산들은 직격탄을 맞아 산 일부가 폐허처럼 되어버린 곳도 있었다. 곳곳에서 쓰러진 거목들이 길을 막았다. 얼마나 바람이 셌으면 아름드리나무들이 견뎌내지 못한 걸까. 키 큰 소나무나 참나무의 뿌리들이 암반층 일부를 움켜쥔 채 홀러덩 나자빠진 참상을 보고는 대자연의 거대한 힘에 더럭 겁이 날 정도였다. 더러 눈에 띄는 귀한 나무들은 내가 심은 것이나 되는 것처럼 아까웠다.

    천태산 뒷자락의 커다란 자귀나무 한 그루도 그해 태풍의 강펀치를 못 이기고 허리가 꺾어진 채 쓰러져버렸다. 소생의 여지가 없었다. 이런 경우 태풍 덕을 봤다고 해야 할까. 쓰러진 나무에겐 야박하지만 뜬금없는 횡재

수라고 해야 하나. 가뜩이나 약재로 쓸 합환피合歡皮, 자귀나무 껍질이 아쉬운 터였다. 한의원에 들어오는 제약업체의 수입 합환피는 약재로 쓰기엔 질이 너무 떨어졌다.

자귀나무같이 수피를 약재로 쓰는 것은 아무래도 나무가 나이를 좀 먹어야 한다. 그래야 기미氣味가 제대로 난다. 막 벗겨낸, 싱싱한 자귀나무의 껍질은 냄새가 향긋하다. 맛을 보면 혀가 조금 아릿해온다. 탄닌과 사포닌이 있어 살짝 떫은맛이 단맛과 콩과 식물 특유의 비린내와 어우러지는데, 씹을수록 그 맛이 싫지 않다. 자귀나무 껍질은 그런 기미를 가지고서 불안과 건망, 불면, 우울, 분노 등 사람의 어지러운 마음을 풀어헤쳐 편안하게 만든다. 심장과 비장을 조화롭게 하여 정신과의 뭇 질환을 다스리는 안신약安神藥이 된다.

정신을 편안히 하는 안신 효능

《동의보감》을 보면 자귀나무 껍질, 합환피는 "성질이 한열寒熱에 치우치지 않고 평平하며 맛이 달고 독이 없다. 오장을 편안하게 하고 마음과 뜻을 안정시키며 근심을 없애고 즐겁게 한다"라고 했다. 이처럼 합환피는 마음을 안정시키고 정신을 편안히 하는 안신약으로서 주로 심장의 기운이 약한 심기허와 심양허, 또 심장의 혈액이 부족해서 오는 심혈허나 심음허 등에 쓴다. 자세히 설명하자면 불안증과 우울증과 건망증, 밤새도록

당신 곁의 약이 되는 27가지 풀과 나무

자귀나무

쌍떡잎식물 장미목 콩과이며 꽃은 연분홍색으로 6~7월에 피고, 껍질은 합환피라고 하여 약재로 사용한다. 정신을 안정시키고 혈액순환을 촉진하고 부기를 가라앉히며 통증을 멎게 하고 근육과 뼈를 이어준다.

잠을 못자거나 꿈이 많은 실면失眠과 다몽多夢, 가슴이 뜨겁고 답답해서 어찌할 바를 모르는 번조煩燥와 이유 없이 화가 치미는 분노, 심장의 두근거림을 자각적으로 느끼는 동계動悸와 정충怔忡의 증상이다. 이런 증상들에 합환피를 쓴다. 요새 우리나라 사람들은 이런 병이 많다. 극심한 스트레스로 심장의 기운이 손상되어 생긴 마음의 병들이다. 무한 경쟁과 대박 신화의 신자유주의 세상이 우리를 치유와 힐링에 목마르게 만들어버렸다. 이런 질환들은 병원에서도 잘 치료가 안 된다. 무지막지한 화학적 합성 약물을 투여하지만 환자들의 고통은 종식되기 어렵다.

합환피가 치료하는 위의 정신과 질환들은 심장의 질병이다. 그러나 서양의학에서 말하는 심장질환과는 다르다. 오해하면 안 된다. 양방에선 대부분 정신과 질환이다. 그러나 한의학에선 이를 심장의 문제로 생각한다. 병원에서 진단을 받았더니 심장은 아무런 문제가 없다고 했는데 무슨 말이냐고 하시는 분들은 이런 한의학의 진단에 납득이 잘 안 된다. 겹치는 부분도 있긴 하다. 동계나 정충은 양의학에서도 부정맥 등으로 진단할 수 있겠다. 어쨌든 양방과 한방의 심장은 단어만 같다. 결코 같은 말이 아니다.

심장뿐만 아니라 간의 문제나 담痰으로 인한 정신적 질환도 있지만, 합환피는 심장의 문제를 주로 다룬다. 벡터가 심장이다. 그래서 불안한 정신을 안정시키고 답답한 울증을 푼다. 이를 안신해울安神解鬱이라고 한다. 그래서 심장에 탈이 나 생긴 분노와 억울, 우울증과 건망증을 치료하는 영약이 된다. 분노, 울분, 노여움, 부아는 모두 화의 다른 말이다. 틱낫한 스님의 책이 아니어도 화는 큰 병이다. 화는 육체와 영혼을 망가뜨린다. 진晉나라의 최표崔豹가 쓴 《고금주》에는 "사람이 분을 참지 못하고 화를 내면 이를 가라앉히도록 청상을 주었는데 곧 자귀나무다. 뜰에 자귀나무를 심으면 사람이 성을 내지 않게 된다"라고 했다. 죽림칠현의 한 사람으로 유명한 혜강은 《양생론》에서 "자귀나무는 화를 가라앉히고, 원추리는 근심을 잊게 한다"라고 했다.

이런 질환들을 치료하기 위해 그냥 합환피만 단독으로 쓸 수도 있겠지만, 아무래도 큰 효과를 내기 어렵다. 원론적으론 심기허증이나 심양허증에 합환피 4~6g을 인삼과 대추, 감초, 진피, 소엽 등과 함께 넣어서 쓴다. 심혈허나 음허증에는 작약과 황기, 당귀를 더 가미한다. 진단이 필요한 부분이다. 합환피는 종기를 가라앉히고, 타박상을 치료하며, 손상된 근육을 살리고 뼈를 잇는 힘도 있다. 그렇지만 이런 경우에는 합환피의 힘이 그다지 세지 않아 다량으로 써야 효과를 볼 수 있다.

부부 사이가 화목해지는 애정목

자귀나무는 아시아가 원산지인 콩과 식물이다. 우리나라에서는 황해도 이남의 따뜻한 곳에서 흔히 자란다. 깃털 같은 잎사귀 생김새가 인상적인데, 살짝 건드리면 오므라드는 미모사의 잎을 크게 확대해놓은 것 같다.

《본초강목》등 옛 본초서에는 "잎이 주염나무[皂莢]나 회화나무[槐] 비슷한데 아주 잘고 빽빽이 나며 서로 마주 난다. 그 잎이 저녁이면 맞붙기 때문에 합혼合昏이라고 한다"라고 적고 있다.

마주 보기로 난 작은 잎은 낮에는 활짝 퍼지지만, 밤이 되면 잎을 합쳐애인처럼 끌어안고 잠을 잔다. 미모사처럼 밤이 되면 잎이 닫히고 잎자루는 밑으로 처지는 수면운동을 하는 것이다. 그래서 서양에서는 자귀나무를 '미모사 트리mimosa tree'라고 한다. 일본에서는 '네무노키ねむのき'라고 부르는데 '네무'는 잠 또는 수면을 뜻한다. 말 그대로 '잠자는 나무'라는 뜻이다. 자귀나무의 이런 수면운동은 잎자루에 있는 엽침 세포에서 수분이일시적으로 빠져나오기 때문에 생기는 현상이지만, 옛 사람들은 이를 보고 재미난 이름을 붙였다. '합환수合歡樹' 혹은 '합혼수合昏樹'가 그것이다.생각에 따라 적잖이 야하기도 한 표현이다.

밤이 되어 어두워지면 남녀가 합해지는 것은 기쁨을 나누는 일이어서이를 '합환'이라고 한다. 전통혼례 때 신랑, 신부가 서로 잔을 바꾸어 마시는 술을 합환주合歡酒라고 했던 걸 생각하면 되겠다. 그렇게 밤이 되면 상열지사를 하듯 합쳐지니 합환수 또는 합혼수다. 같은 의미로 야합수夜合樹라고도 했다. 유정수有情樹라는 이름도 있다. 각별한 정이 있다는 뜻이다.두 남녀가 기쁨을 나누면 잠시나마 세상의 근심을 잊게 된다고 해서 망우수忘憂樹라고도 했다. 또 이파리 생김새가 여인이 허리에 두른 푸른 치마같아 보인다고 해서 청상靑裳이라고도 했고 맹갈萌葛, 오뢰수烏賴樹, 황혼목

黃昏木이라는 이름도 있다. 좌귀목佐歸木이라고도 하는데 우리가 쓰는 자귀나무란 이름이 여기서 유래한 것이라는 설이 있다.

무더위가 시작되는 7월경 자귀나무는 분홍빛과 흰빛이 어우러진 독특한 꽃을 피운다. 예쁜 색실이 모여 부챗살처럼 피는 이 꽃을 합환화合歡花라고 하는데 꽃말이 환희, 사랑, 애정이다. 그런 꽃말과 어울리게 꽃의 향이 이루 말할 수 없이 감미롭다. 산야와 밭둑, 들판에 자귀나무 꽃이 피면 달콤한 꽃향기가 주위의 대기를 은은히 물들인다.

합환화는 부부 금실의 묘약으로 알려진다. 중국에 두고라는 사람이 있

자귀나무 꽃
우리 조상들은 애정목이라 하여 집 안에 심으면 부부간에 사이가 좋아지고, 꽃을 따서 말렸다가 술에 넣어 마시게 하면 일가 화합할 수 있다는 비약으로 쓰기도 했다.

었다. 그에게 조 씨라는 처가 있었는데 조 씨는 매년 자귀나무의 꽃을 따다 말려서 베개 속에 넣어두었다. 그리고 남편이 화를 내거나 심사가 불편한 일이 생기면 곧 그 꽃을 조금씩 꺼내어 술에 넣어서 마시게 했다. 합환화 역시 마음을 편케 하는 안신효능이 있어서 술을 마시면 평온을 되찾았다. 자연히 부부간의 금실이 남달랐다.

요순시대의 성군이었던 순舜 임금이 창오라는 곳에서 죽자 두 아내 아황娥皇과 여영女英도 호남성 상강에서 그 소식을 듣고는 피를 토하고 죽었다. 죽은 두 여인의 영혼이 자귀나무가 되었다고 전해진다.

이런 이야기들 때문인지 자귀나무를 애정목愛情木이라고 부르기도 한다. 과거엔 집 마당에 자귀나무를 심으면 가정의 불화가 없어지고 부부사이가 화목해진다 하여 즐겨 심기도 했다. 자귀나무를 남쪽에선 '소쌀나무' 또는 '소쌀밥나무'라고도 하는데 소가 즐겨 먹는 목초이기 때문이다. 소쌀나무를 먹는 소는 살도 잘 찌고 털이 윤택해진다고 한다. 그런데 원래는 전라남도 목포 지방의 잎이 크고 엉성하게 나는 '왕자귀나무'를 이지역 사람들이 소쌀나무라고 했다는 말도 있다. 지역에 따라 '짜구대'라는 사투리로 부르기도 한다.

당신 곁의 약이 되는 27가지 풀과 나무

내 몸속의 쓰레기를 청소한다, 반하

　도시는 비대해지고 그 도시의 숨통이 턱턱 막히는 화차火車 안에서 사람들은 빠져나오지 못하지만, 푸른 생명이 살갑게 숨 쉬는 시골엔 여전히 사람이 없다. 화차 안에서 다들 웰빙 타령들을 한 덕에 반하半夏를 캐던 보리밭이 좀 늘긴 했다.

　6월 초, 야산의 밭 아래에서 반하를 캤다. 손을 타지 않은 덕에 씨알이 굵다. 씨감자만큼이나 큰 '왕건이'도 있다. 꽃이 피었다가 진 알뿌리들이 대체로 크다. 햇볕을 꺼려 그늘지고 물기가 좀 있는 곳을 좋아한다. 반하를 캐다가 나무 그늘을 찾아 누웠다. 온 산천이 푸른데 바람이 한 번씩 불면 금은화 향기도 은은하게 실려온다. 무상의 행복감. 둔덕의 바위 위에 마구 뒤엉켜 큰 넝쿨을 이룬 마삭줄[絡石藤]도 향기로운 흰 꽃들을 피워냈다. 마삭줄 꽃도 이 계절이 아니면 보기 어렵다.

당신 곁의 약이 되는 27가지 풀과 나무

반하

꽃은 6월과 7월경에 피며, 둥근 뿌리줄기는 지름이 1cm 정도 된다. 동남아 전역에 분포하며 우리나라에서는 전국적으로 재배하고 있으나 서울, 수원, 제주도, 울릉도 산이 유명하다. 약리작용으로 거담, 진해, 구토 진정, 규폐증 예방, 항암작용 등이 보고되었다.

반하는 우리말로 '끼무릇'이라 한다. 꿩이 밭에서 이 반하를 먹고 배 속을 뜨겁게 해 알을 낳는다는 얘기가 있다. 그래서 '꿩의 무릇'이라고도 한다. 끼무릇도 아마 그런 뜻이겠다. 꿩을 뜻하는 '끼'가 잘 먹는 무릇이란 정도.

《본초강목》은《예기》〈월령月令〉을 인용해 "5월에 반하가 나오는데 이때가 대략 여름의 절반이 되므로 반하라고 했다"라고 적고 있다. 수전守田, 수옥水玉이란 다른 이름도 있다. 단전으로 기를 내린다 해서 수전이라고 한다는 고상한 해석도 있지만 그냥 밭을 지킨다는 뜻으로 소박하게 해석해도 되겠다. 그 생김새가 둥글둥글하므로 수옥이라 했다. 보리농사가 끝나는 하지 이후에 주로 채취한다. 콩알만 한 둥근 덩이줄기를 캐어 잔뿌리를 제거하고 물에 담가 겉껍질을 벗겨서 햇빛에 말린다. 이것이 생반하生半夏다. 그러나 이 생반하를 그냥 먹으면 큰일 난다. 조금만 먹어도 입과 목구멍이 견딜 수 없이 아리고 마비감이 온다. 반하의 독성 때문이다.

반하 독은 구강 같은 점막 조직을 주로 자극한다. 심하면 조직 괴사도 초래한다. 그러나 생강즙에 하룻밤 정도 담가서 불린 다음 그늘에 말리면 그 독성이 없어진다. 여기에 백반을 소량 넣는다. 생강을 도와 반하의 독을 제거하고 담痰을 없애기 때문이다. 전통적으로 이를 강반하薑半夏라고 한다. 반하를 약용할 때는 이 강반하를 쓴다. 반하를 잘 먹는 꿩도 반드시 밭 주변의 생강을 쪼아 먹고 반하 독을 다스린다고 한다. 그만큼 생강 법제*가 중요하다.

이 강반하에 석회와 감초를 더 넣어 법제한 것을 법반하法半夏라고 한다. 생반하를 생강 없이 백반으로만 법제하기도 하는데 청반하淸半夏라고 한다. 쓰임새는 조금씩 다르다. 누룩처럼 만드는 반하곡半夏麯이라는 것도 있다. 강반하를 가루 내어 통밀가루, 적소두(팥), 행인(살구씨) 등을 넣고 발효시켜 만든다. 여기에 조각자皁角子의 즙을 더하거나 죽력(대나무에 열을 가해 추출한 목초액) 또는 백개자(겨자씨)를 더 넣기도 한다. 닥나무 잎에 싸서 바람에 말려 약용한다.

천지가 아프면 사람도 아프다

《주역》에 "궁하면 변하고[窮則變], 변하면 통하며[變則通], 통하면 지속된다[通則久]"라는 말이 있다. 사계절이 바뀌고 둥근 달이 기우는 것은 다시 계절이 돌아오고 달이 차기 위한 순환과정이다. 로고스처럼 고정 불변하는 것이 아니라 돌이켜서 순환하는 것을 가리켜 주역은 통한다고 했다. 오래 지속되는 것은 그렇게 변화하는, 돌이켜 순환하는 것들이다.

근대 이후 인간의 이성은 자연의 생명력으로는 돌이킬 수 없는 것들을 너무 많이 생산해냈다. 그리고 그것을 진보라고 역설해왔다. 도대체 돌이킬 수 없는 것들을 만들어놓고 돌이키자니 정신이 아득하다. 예를 들어

---

*   **법제** 法製
     한방에서 자연 상태의 식물이나 동물, 광물 등을 약으로 사용하기 위해 처리하는 과정

온 세상을 뒤덮은 미세먼지를 어떻게, 무슨 방법으로 해결할 수 있을까. 사람도 역시 암과 같은 큰 병의 진단이 떨어지면 피부를 가르고 살과 장기를 적출하고 최악의 상황도 감수한다. 이미 돌이킬 수 없게 되어버렸기 때문이다.

프랑스 감독 콜린 세로의 〈뷰티풀 그린〉이란 영화는 이 돌이킬 수 없는 것들을 상상력을 통해 돌이킨다. 머나먼 우주 한 행성이 봉착했던 문명의 문제들을 '신문예부흥'이란 이름의 대수술을 통해서. 한때 그들 문명도 지구의 인간들이 만들어낸 것과 똑같은 문제들로 고통을 받았다. 다름 아닌 화폐와 시장, 자동차와 가전제품, 과학기술공학, 핵, 석유문명과 물질환원주의, 환경오염, 자본가와 부패한 정치인 등이다. 이 모두를 거부하고 추방하기 위해 전 행성인이 필사적으로 투쟁해 마침내 쓰레기 처분하듯 행성 밖으로 내다버렸다. 영화 속에 그려진 이들의 세상은 화폐와 자동차를 박물관 진열장에 집어넣고도 물물교환과 4시간 정도의 노동만으로 자급자족하는, 말 그대로 '로하스'의 세상이다. 국경이나 국가도 없다. 아메리카의 인디언들처럼 대표자들이 모여 산상 회의를 한다. 자연 속에서 욕심 없이 살아서 이곳의 인간들은 평균 수명이 300살로 늘어났다. 학교에선 텔레파시로 사물과 대화하는 정신 감응력을 배운다. 도가道家에 나오는 천인합일天人合一 수준으로 진화했다고 할까.

동양에서는 천지天地와 인간이 하나다. 천지가 탈이 나니 사람의 몸과 마음도 탈이 나고, 사람의 심신이 아프니 천지가 아프다. 사람이 사는 세상이 멀쩡하지 않은데 그의 몸과 마음이 도대체 멀쩡할 리가 없다. 그의 몸과 마음이 천지요, 천지가 그의 몸과 마음이다. 일―이 다多요, 다多가 일―이다.

체액이 정체돼 생기는 담음

반하는《주역》에서 말한 궁즉변, 변즉통을 한다. 그래서 돌이킬 수 없게 된 것을 돌이킨다. 무슨 말인가. 반하는 담음痰飮을 치료한다. 담음이란 우리 몸의 수기水氣, 물이 순환하지 못하고 한곳에 머물러서 흩어지지 않게 된 것을 가리킨다. 하천의 물이 흐르지 않고 고이면 걸쭉해지고 결국에는 썩어 악취를 풍기는 오수가 된다. 몸의 물인 체액도 흐르지 못하면 엉키고 썩어서 온갖 병을 부른다.

십중구담十中九痰이란 말이 있다. 질병이 열 가지면 아홉 가지가 담음으로 인한 병이란 뜻이다. 실체론적인 양의학과 달리 순환론적인 세계관의 산물인 한의학은 담음을 그렇게 크게 여긴다. 우리 몸무게의 50~60퍼센트를 수분이 차지한다. 몸의 절반 이상이 물, 체액이다. 끊임없이 순환하기 때문에 썩지 않는다. 이 체액이 움직이지 않고 걸쭉한 가래 같은 것이 되어 몸의 이곳저곳에 고여있다면 어떻게 될까.《동의보감》에 나오는 왕은군의 〈담론痰論〉을 보면 그 증상이 이렇다.

"담으로 인해 머리가 아프거나 어지럼증이 생기는데 눈앞이 아찔하고 귀에서 소리가 나고 입과 눈이 푸들거리고 눈썹과 귓바퀴가 가려워진다. 팔다리에 부종이 생겨 단단하게 부어서 아프기도 하고 아프지 않은 듯도 하며, 혹은 잇몸이 부으면서 뺨이 가렵고 아픈데 일정치 않다.

혹은 트림이 나고 신물이 올라오며 명치 밑이 쓰리고 구역질과 딸꾹질이 난다. 목이 메고 끈끈한 가래가 있는 듯해 뱉어도 나오지 않고 삼켜도 넘어가지 않는다. 목구멍으로 나오는 가래의 색깔이 그을음 같고 복숭아나무 진 같고 조갯살 같기도 하다. 혹은 명치 밑에 얼음이 있는 것 같고 왼쪽 젖가슴이 때때로 싸늘하면서 아프다. 발목이 시큰거리고 약해지며 허리와 등이 갑자기 아프기도 하고, 팔다리의 뼈마디도 여기저기 안타깝게 아파서 굽히고 펴기가 어렵다. 힘줄이 땅겨 다리를 절기도 한다.

등뼈 가운데 손바닥 크기의 얼음이 있는 듯 시리면서 아프고, 온몸에 스멀스멀 벌레가 기어 다니는 것도 같다. 혹은 눈 둘레가 검고 눈시울이 깔깔하거나 가렵고 입과 혀가 잘 문드러진다. 목둘레에 멍울이 생기기도 하고 가슴과 배 사이에 두 가지 기운이 뒤엉킨 듯하며 머리와 얼굴이 화끈화끈 달아오르기도 한다. 정신을 자주 놓는 전광증*이 생긴다. 중풍이 되어 팔다리가 뒤틀리기도 한다. 폐결핵처럼 발은기침**이 잦다.

---

* **전광증** 癲狂症
조현병. 한의학에선 음증인 전증과 양증인 광증으로 구분한다. 전증은 우울하고 웃거나 울면서 앞뒤가 맞지 않게 말하기도 하고, 환각으로 노래를 부르거나 큰소리를 치기도 한다. 광증은 사람을 알아보지 못하고 고함을 치거나 돌아다니며, 과격한 행동을 한다.

** **발은기침**
식병이나 버릇으로 소리도 크지 아니하고 힘도 그다지 들이지 않으며 자주 하는 기침

혹은 명치 아래가 들먹거리고 놀란 것처럼 가슴이 두근거리며 누가 잡으러 오는 것처럼 무섭다. 숨이 차면서 기침이 나고 토하기를 잘 하고 군침이 잘 고인다. 푸르스름한 물과 검은 즙 같은 것을 뱉는다. 치질이 되어 대변에 피고름이 섞여 나오기도 한다. 꿈속에서 괴이한 것들이 나타나는 악몽에 시달린다. 이와 같이 몸의 안팎에 생기는 병이 몇백 가지인지 알 수 없는데 모두 담으로 인한 병이다."

반하는 이와 같이 담음으로 생긴 일체의 병을 다스린다. 몸 안의 수기가 순환되지 못하고 머물러 담음으로 굳어진 것을 녹여서 본연의 수기로 되돌리기 때문이다. 또 더 이상 돌이킬 수 없게 된 것들을 흩어지게 하고 삭혀 몸 밖으로 내보내기도 한다. 어떻게 그렇게 하는 걸까.

몸 안의 물을 돌이키다

약리적인 설명 대신 반하의 기미로만 보자면 이렇다. 반하의 겉껍질을 벗기면 속 알맹이는 점액이 많아 매끄럽다. 그 맛은 목구멍이 견딜 수 없을 만큼 맵다. 반하는 그 매끄러움으로 거스르고 돌이킬 수 없는 것들을 내려서[下降] 돌게[宣通] 하고, 매운맛으로 고여서 굳어진 것을 열고 내보낸다[開泄]. 이를 '개선활강開宣滑降'이라고 한다.

《신농본초경》에선 반하가 "상한으로 인한 한열과 심하心下가 딴딴하게 굳어지고 맺혀서 그득해진 것을 치료한다. 기를 내리고, 인후가 붓고 아픈 것을 다스린다. 머리가 어지럽고 아프고 기가 위로 치밀어 기침하는 것, 가슴속이 꽉 차 숨도 못 쉬게 답답하고 속이 메스꺼운 증상을 치료한다. 또 배 속이 막혀 배에서 물소리가 나는 것과 화火가 올라와 땀이 나는 것 등을 다스린다"라고 했다. 모두 반하가 '개선활강' 해 담음으로 변한 수기를 되돌리기 때문이다.

환자를 보다 보면 안타까운 경우가 많다. 심한 어지러움과 두통, 메스꺼움을 호소하면서 늘 위장이 체한 듯 '끄륵' 소리를 내고 배변도 불쾌해져 이 병원, 저 병원을 다니지만 호전되지 않는다. 진단이라고 해봐야 어지러움이 심한 경우는 이석증이라고 하거나 위장장애는 역류성 식도염 혹은 영양 부족, 스트레스성 혈액순환장애, 일반적으로는 신경성이라고 치부해버리는 것이 고작이다. 그런데도 환자는 갈수록 고통이 심해진다. 사람마다 다르지만 사례를 들자면 이렇다. 눈앞이 안개가 낀 듯 어른거리거나, 한 물건이 두 개 이상으로 보이는 시야장애를 호소한다. 어느 순간 심한 피로감이 들고 산소가 부족한 듯 전신이 무력해지고 숨통이 막힌다.

음식물을 못 먹는 것은 아니나 위장이 딱딱하게 굳어진 듯해 소화장애가 극심하다. 신물이 오르고 가래와 같은 걸쭉한 이물이 목구멍으로 올라오기도 하고, 몸 이곳저곳이 마비되기도 한다. 벌레가 온몸을 기어 다니는 듯한 감각 이상도 느낀다. 몸에서 느껴지는 한열이 다른 경우도 많다. 예를 들면 머리엔 열이 나는데 수족과 배, 등은 시리다. 건망증이 심해지기도 한다. 더러 혼절도 한다. 심한 우울증으로 정신과 치료를 받는 경우도 많다. 요즘에야 그러지 않겠지만 전에는 귀신이 들렸다고 푸닥거리를 하기도 했다.

창출, 복령, 진피 등과 함께 써야

사실 담음으로 인한 병은 요즘에 더 많지 않을까 싶다. 우선 스트레스가 심하다. 또 하나는 먹을거리의 문제다. 현대인은 온갖 유해 첨가물이 범벅된 음식물에 노출되어 있으며, 먹을거리가 흔해져 과식과 폭식을 되풀이하고 식사 시간도 일정치 않다. 노폐물이 누적되지 않을 수 없다. 이 노폐물들이 몸 안의 체액을 이루고, 흘러 다니는데 그 몸이 멀쩡할 수가 있을까. 어찌 보면 현대인의 몸은 과학문명이 만든 과로와 스트레스, 온갖 감언이설로 분식한 혼탁한 먹을거리와 화학물 의약품이 조장한 쓰레기로 가득 차 있다. 오염물질로 썩은 하천인 것이다.

물론 반하 홀로 이 담음을 다 해결하는 것은 아니다. 그러나 반하가 아니면 이들을 딱히 해결할 수 없다. 반하는 창출(삽주)과 복령, 진피 등과 잘 어울린다. 반하곡은 담음이 굳어져 담적痰績이 되어서 병이 중해진 경우 이를 삭혀서 대소변 등으로 내보내 치료한다. 더 이상 수기로 되돌리기 어려울 때 반하곡을 쓴다.

반하는 천남성과에 속한다. 5월경 독특한 생김새의 꽃이 핀다. 긴 혀를 내민 뱀의 머리를 닮은 것도 같고 혹은 두루미의 머리를 닮은 것도 같다. 천남성과의 꽃들이 대체로 특이하다. 남성南星의 꽃들은 여지없이 킹코브라가 혀를 날름거리는 형상이다. 그리고 보니 우리 몸의 차크라를 열어 의식의 각성에 이르게 하는 쿤달리니가 뱀의 형상이다. 임맥과 독맥을 주천하는 대소주천도 뱀의 움직임으로 그려진다. 커다란 뱀이 제 꼬리를 문 원형圓形의 우로보로스가 원초적인 합일을 의미하듯, 뱀은 순환하는 힘을 상징한다. 반하의 꽃이 그 뱀의 머리를 닮아 보이는 것도 예사롭지 않다.

난치병의 해결사, 대약왕 비파나무

어린 시절을 보냈던 시골집을 떠올리면 말 그대로 황량한 느낌이다. 해남군 황산면 신성리. 얼마나 후미진 곳이었는지, 황산면 장터로 나가려면 낮은 야산의 산잔등에 난 길들을 따라 오르락내리락 족히 20리 길을 걸어야 했다. 보리와 고구마, 조, 고추, 담배, 면화 등 밭작물을 심었던 땅은 회백색의 박토인 데다 희끗희끗한 곰팡이가 긴 갯돌 같은 게 많아서 흙이 반, 자갈이 반이었다. 참외나 수박 같은 것도 자라다 만 것처럼 자잘하여 도시에서 파는 번듯한 크기의 과채를 좀처럼 기대하기 힘들었다.

구황식물인 고구마와 감자가 그나마 잘되었다. 지금 봐도 한 해 농사라고 지어봐야 먹고살기 참 팍팍했겠다 싶은 곳이다. 키 작은 다복솔, 사스레피나무, 정금나무 같은 관목이 듬성듬성 자라는, 역시 황량한 느낌의 산 두어 개를 더 넘으면 바다가 나왔다. 여름이면 이 바닷가의 암벽에 원추리가 많이 피었는데, 주변의 배경과 어울리지 않게 기다란 줄기에 노란 꽃을 매단 게 영 생뚱맞은 느낌이었다. 고기잡이가 어려운 암석해안이라 겨우 고둥이나 소라 따위를 줍고 막 허물을 벗어 개펄 바닥을 기어 다니는 어린 벌떡게와 짱뚱어를 잡았다.

광주에서 교편을 잡게 된 아버지를 따라 일찌감치 우리 식구가 시골집을 떠난 뒤에도 조부모님은 그곳에서 사셨다. 중학교를 다닐 때까지 방학이 되면 나는 해남으로 끌려 내려가서 보리밥과 조밥을 먹어야 했다. 겨울에는 고구마만으로 세끼를 때우기도 했던 것 같다. 젊었을 땐 궂은일을 모르다 나이 들어 외진 땅에 들어와 뙤약볕에 호미질로 나날을 보내게 된 할머니는 팔자타령이 입에 붙었다.

뒤에 선친이 쓰신 글을 보니 동학 때 문래면 접주接主를 한 증조께서 우수영 전투에서 패해 목숨을 보전하기 위해 숨어든 곳이 이곳이라 했다. 증조가 접주를 하신 게 사실이었는지 아닌지보다 전투에 패해서 도명逃命을 했다는 것이 더 눈길이 간다. 왜 그런 궁벽한 곳에서 땅을 갈고 살아야 했는지 설명이 되기 때문이다. 힘없는 민초가 국가와 체제의 구속과 폭압으로부터 벗어나는 길은 행정력이 미치지 않는 곳으로 도망쳐 사는 것뿐이었을 것이다. 체제의 바깥으로 말이다.

영웅, 가인의 과실

시골집 이야기를 길게 한 것은 어린 시절이 그리운 까닭도 있지만 집 마당에 있던 한 그루 비파나무 때문이다. 왜정 때 목포에서 사셨던 할아버지가 보고 들은 견식이 좀 있으셔서 이 나무를 심었다고 한다. 비파나무 말고도 앞마당에는 배나무 두어 그루와 포도나무, 복숭아나무와 무화과나무 등이 있었다. 이 과일나무들 덕분에 산 밑의 초가집이, 신성리의 다른 민가들로부터 멀리 떨어진 초라한 초가집이 그래도 사람 사는 곳으로 비쳤던 것 같다. 배나무와 다른 나무들은 제법 커서 생각건대 증조할아버지 때나 심었을 것이다. 비파나무는 겨울에도 잎이 지지 않는다는 것만 빼놓으면 크기나 생김새가 다른 나무에 비해 영 보잘것없었다. 그렇지만 한겨울에 눈을 맞으면서도 조그만 꽃들을 피우는 게 어린 눈으로 보기에도 참으로 신기했는데, 열매를 맺는 것도 남달라서 뭇 과일나무의 과실들이 익기에는 아직 이른 7월 초여름에 살구같이 싯누런 열매를 매달았다.

나중에 알게 된 거지만 비파나무의 비파란 이름은 잎사귀의 생김새가 '비파琵琶'라는 중국의 전통악기와 비슷하다 해서 붙여졌다고 한다. 최근에 우연히 중국 영화 〈초한지〉를 봤더니 항우의 여인 우희 역의 유역비가 비파를 연주하는데, 몰랐던 것은 아니지만 악기의 생김새가 비파의 잎과 정말 흡사했다. 본초서를 보면 비파나무의 잎을 '엽대여려이葉大如驢耳'라 했는데 '큰 잎이 흡사 나귀의 귀처럼 생겼다'는 뜻이다. 재미있는 표현이라는 생각이 든다.

어쨌든 비파는 중국의 양쯔강 중상류지역이 원산지로 늘 푸른 나무이며 따뜻한 남쪽에서만 자라는 나무다. 장미과의 식물로 겨울에 꽃들이 가지 끝에서 핀다. 암술과 수술을 같이 가지고 있어 자가수정이 가능하므로 특별히 다른 곤충의 도움을 받지 않아도 열매를 맺는다. 학명은 '에리오보트리아Eriobotrya japonica LINDL.'이다. 부드러운 털을 뜻하는 '에리온'과 포도를 뜻하는 '보트리스'가 합쳐진 말인데, 비파 잎에는 연한 잔털이 많고 둥근 열매들은 포도송이같이 열리므로 꽤나 적절한 이름 같다. 《본초강목》에선 비파 열매를 탄환彈丸에 비유했다.

이 비파나무는 감나무나 밤나무처럼 온대지방 민가에서 흔히 심는 나무가 아니어서 남쪽의 해안지역을 벗어나면 잘 모르는 이가 많다. 그런

비파나무

장미과에 속하는 상록소교목. 잎
은 어긋나고 긴 달걀 모양이며 꽃
은 백색으로 10~11월에 핀다. 가
뭄에도 잘 견디며 잎을 진해鎭咳,
건위健胃, 이뇨利尿에 사용한다.

탓에 우리말 이름도 있질 않다. 그러나 중국에선 이 남방과일을 즐기는 이가 많았는지 삼국지의 조조가 비파를 너무 아껴 몰래 비파열매를 따 먹은 병졸을 적발해 괘씸죄로 사형시켰다는 얘기도 있고, 또 당나라의 절세미녀 양귀비가 이 열매를 각별히 좋아했다는 얘기도 전한다. 송나라의 유명한 시인 소동파는 천하의 미식가로도 이름이 높았는데 손님을 맞으면 곧잘 이 비파를 대접했다고 한다.

더위 병 치료하는 단 과일

중국의 문인화 중 채색을 하는 남종화에는 비파나무를 소재로 한 그림이 많은데, 길쭉 넓적한 비파잎과 함께 주황색에 가까운 노란 비파열매가 꽤나 먹음직스럽게 그려진다. 비파열매의 크기는 살구보다 약간 작고, 잘 익으면 달콤한 맛과 신맛이 살짝 느껴진다. 육질이 부드럽고 수분이 많아 상큼하니 먹을 만한데, 열매 속에 상수리만 한 크기의 적갈색 씨앗이 두어 개씩 버티고 있어 정작 과육이 두껍지 않은 게 좀 아쉽다.

중학교를 다닐 무렵, 여느 해 방학 때처럼 시골집에서 여름을 나다가 몇 살 터울의 삼촌과 대나무 낚싯대를 들고 바다로 나갔다. 별생각 없이 작열하는 햇빛을 받으며 바위에 앉아있었는데 그러다 탈이 났다. 머리가 어질어질하고 속이 메스꺼워졌다. 숨 쉬기가 힘들어져 땅바닥에 축 늘어졌다. 일사병, 흔히 더위 먹었다고 하는 증상인데 한방에선 '서병暑病'이라고 한다. 모질게 더위를 먹었는지 수일을 혼수상태로 보냈다. 정신을 좀 차린 뒤에도 영 기력을 못 찾고 한동안 끙끙 앓았다. 더위를 먹으면 죽기도 한다더니 깜냥에도 보통 힘들지 않았던 모양이다. 방 안에 누워서 한동안 앓던 기억이, 시골집의 변변한 벽지 한 장 못 바른 황토 토벽의 흙냄새, 들깨기름 잔뜩 먹인 장판지의 냄새들과 어우러지며 아직도 뇌리에 남아 있다.

그때 할머니가 단방약으로 먹였던 게 익모초와 비파였다. 소태처럼 쓴 익모초는 약이 되기는 했겠지만 비위가 약해서 도무지 먹지 못하자 비파를 따서 즙을 내어 먹였다. 고열로 인해 가뭄 든 논처럼 말라붙은 입안으로 들어오는 달콤새콤한 비파 즙은 감로수가 아닐 수 없었다. 더 먹일 것이 없어 속을 끓이던 조모가 나

중엔 덜 익은 배까지 따서 즙을 내주기도 했지만, 이것 역시 잘 익은 비파의 맛에 도무지 견줄 수 없었다.

지금에 와서 보면 그 감미로운 비파 즙 덕분에 어쩌면 병치레를 떨치고 빨리 회복됐으리라는 생각도 드는데, 왜냐하면 비파는 더위로 인한 질병에 잘 부

합하는 약성을 갖고 있기 때문이다. 비파는 여름날 갈증을 풀고 가슴의 기운을 시원하게 내려서 상초의 열을 다스리며, 폐의 기운을 이롭게 하고, 오장을 윤택하게 한다. 조모가 《본초강목》에 나오는 이런 비파의 약성을 알고 있을 리 만무하지만, 경험적으로는 이해하고 있었다고 해야 할 것이다. 어쨌든 타 지역 사람들은 듣도 보도 못하는, 겨울이 그다지 춥지 않은 따뜻한 남쪽 해안지방, 해남이나 완도 같은 섬지역에서나 구경할 수 있었던 비파는 어떻게 보면 퍽이나 귀한 과일이었는데, 시골집에 내려가도 때를 못 맞추면 천신薦新하기 어려웠던 그 비파를 그해에는 운 좋게 독차지하게 됐다.

더위로 인해 그렇게 된통 고생하고 집으로 올라온 나는 두 번 다시 해남에 가지 않겠다고 선언을 했다. 그 후로는 방학 때 시골에 내려가지 않아도 됐다. 몇 년 뒤 홀로 되신 조모도 올라오셨고 삼촌이 밤짐 싸서 서울로 떠난 뒤, 시골집은 그 무렵 이농 바람으로 인해 버려진 농가들의 운명이 그랬듯, 지붕도 구들도 무너져내린 폐가가 되었다. 세월이 흘러 나도 그리움을 아는 나이가 되었다. 30대 중반쯤 일이 생겨 해남에 내려갔다가 짬을 내어 시골집을 찾았다. 구들장만 남아있는 집터 안마당엔 이름을 알 수 없는 가시덩굴과 산딸기, 찔레나무 같은 잡목이 무성했다. 누가 다 베어버린 건지 마당 앞의 비파나무와 다른 과수들도 종적이 없어졌다.

그 뒤 언젠가 해남 연동의 녹우당*에 갔다가 고산 윤선도박물관 앞에서 비파나무를 봤다. 마침 열매가 노랗게 익었다. 관리인의 눈을 피해 몰래 몇 알 따 먹었는데 어렸을 때의 그 맛이 아니다. 아무래도 다디단 과일들에 익숙한 요즘 사람 입맛으로는 비파를 그렇게 맛있는 과일이라고 하긴 어려울 것 같다.

잘 쓰면 약, 못 쓰면 청산가리

몇 해 전 완도에서 이 비파나무를 개량해 열매를 크게 키워내는 데 성공했다는 얘기를 듣고 옛 생각도 나 수소문해 사봤다. 그런데 크기가 조금 더 크긴 하나 단맛이 더 있는 것도 아니고 기왕의 비파와 비교해 그만그만하다. 과일로서 돈 대접받기는 여전히 힘들겠다는 생각이 들었다. 요즘 들어 이 비파나무가 남쪽지방에서 수익 작물로 각광을 받으며 많이 재배되는 것은 과일보다는 열매와 잎이 가진 약효 때문이라고 해야겠다.

중국에선 비파나무를 '대약왕수大藥王樹'라고도 하는데 비파열매, 비파잎, 줄기와 꽃도 모두 약으로 쓴다. 약왕이라는 이름을 붙인 것을 보면 대단한 약효가 있는 게 분명하다.

《동의보감》에선 비파열매에 대해 "성질이 차고 맛이 달며 독이 없다.

---

* 　**녹우당** 綠雨堂
　고산 윤선도의 고택이자 해남 윤씨의 종가. 녹우는 우리말로 풀면 초록색의 비다. 집 뒤 비자나무 숲이 바람에 흔들릴 때마다 '쏴〜아' 하는 소리가 비가 내리는 듯하여 녹우당이란 이름이 붙었다.

폐의 병을 고치고 오장을 윤택하게 하며 기를 내린다"라고 했다. 약리적으로는 당류와 주석산, 사과산, 비타민 A, B, C가 풍부하다. 몸의 열을 내리고 손상된 체액을 보충하며 갈증을 풀고 구토증을 가라앉힌다. 그래서 여름에 더위 먹어 갈증이 심하고 땀이 그치지 않고 식욕이 없을 때 비파즙이 효과가 좋다. 기관지염 초기에 쓰기도 한다. 기침이 심하고 누런 가래가 나올 때 비파열매를 살구씨와 귤껍질, 패모貝母 등과 함께 쓴다. 그렇지만 이 정도를 가지고 대단한 약효가 있다고 하기에는 그렇다.

비파열매는 그렇다 치고 비파잎은 어떨까. "성질이 평하고 맛이 쓰며 독이 없다. 기침하면서 기운이 치밀어 오르고, 음식이 내려가지 않고, 위가 차서 구토하고 딸꾹질하는 것과 갈증을 치료한다. 잎의 등 쪽에 솜털이 있는데 반드시 불에 구워 천으로 그 솜털을 제거해야 한다. 그러지 않으면 털이 폐로 들어가 오히려 기침이 멈추지 않는다." 역시 이 정도를 가지고 약왕의 생색을 내기에는 그렇다.

자료를 찾아봤더니 비파잎에는 아미그달린amygdalin과 구연산이 다량으로 함유되어있다. 아미그달린은 살구씨나 복숭아씨 등 과일의 씨앗에 많은 성분이다. 포도씨, 사과씨, 아몬드나 매실에도 이 성분이 있다. 청산靑酸 배당체의 일종인 아미그달린은 위장에 들어가 분해되면 시안화수소와 몇가지 다른 물질로 바뀐다. 이 대목이 중요한데, 아미그달린이 가수분해 되어 생긴 시안화수소는 흔히 청산가리라고 불리는 유독성 물질이기 때문이다. 이 시안화수소는 그러나 다량으로 섭취했을 때는 독성을 나타내지만 소량일 때는 우리 몸속에서 대단한 치료효과를 발휘한다. 살구씨나 복숭아씨를 한방에서 중요한 약으로 취급하면서도 한 번에 다량을 쓰지 않는 것은 이 시안화수소 때문이라고 할 수 있다.

신묘한 약효, 비파엽 압찰법

가장 큰 효능은 진통작용이다. 신경통을 비롯한 웬만한 통증에는 다 효과가 있다. 또 진해를 거담하는 효능도 뛰어나다. 최근에는 아미그달린이 시안화수소로 바뀌면서 강력한 항암작용을 한다는 연구도 나왔다. 아미그달린은 몸에 들어가기 전에는 전혀 독성이 없지만 위장에 들어가 시안화수소로 분해됐을 때의 치사량은 405mg 정도라고 한다. 이만한 양이 일시에 몸에 들어가려면 사과씨 250g을 모아서 한꺼번에 먹어야 한다. 그 독성에 대해서는 크게 걱정할 일이 아닌 듯하다.

비파잎의 아미그달린을 활용하는 방법은 전탕하여 먹는 것이 일반적이지만, '비파엽 요법'이라고 해 일본에서 민간요법으로 쓰였다는 비파잎 압찰법이 유명하다. 일본 삿포로 철도병원의 후쿠시마 박사에 의해 발굴돼 알려진 비파엽 요법은 비파잎을 불에 구워서 환부에 잎을 대고 문지르는 소박한 민간요법인데 거짓말처럼 거의 만병을 치료하는 기적적인 효능을 발휘한다.

그는 이 방법으로 결핵성 복막염과 소아마비, 하복부와 허리의 농양, 소화불량으로 인한 각종 소모성 질환, 야뇨증 같은 증상을 치료했는데, 암을 비롯한 각종 난치병, 성인병에도 뛰어난 효과가 있다고 했다. 비파잎에서 나온 시안화수소가 가스 상태가 되어 몸에 흡수되면서 그런 효과를 낸다는 것인데 여기에 착안한 비파잎 뜸이 국내에도 소개된 바 있다. 나도 한의원에서 이 뜸을 더러 활용하고 있는데 격외의 성과를 거두기도 한다. 중국에서도 이런 민간요법이 있었는지 모르겠으나, 생각건대 대약왕수란 이름이 허투루 붙었을 리가 없다.

심장병과 고혈압에 좋은 건위제 산사

〈산사山査나무 아래〉라는 영화를 봤다. 베이징올림픽 개막 공연을 연출했던 장이머우 감독의 작품이다. 1960~1970년대 문화혁명기 중국의 토속적인 시골 풍경을 배경으로 섬세하고 정감 어린 연출로 연인의 순수하고 절절한 사랑을 그려냈다. 왜 장이머우가 거장인지 알겠다. 흔해빠진 러브스토리인데도 이렇게 가슴이 아리고 애틋해질 수 있다니.

사랑한다는 말 한 마디 없어도 짧은 고갯짓, 흔들리는 눈빛 하나에 모든 것을 담았던 때가 있었다. 그것만으로도 마음의 울림이 그대로 전해지는 사랑. 조선조 여류시인 매창梅窓이 "송백松柏처럼 늘 푸르자 맹세하던 날, 님을 사랑하는 마음[恩情]은 바닷속처럼 깊기만 했다"라고 했을 때 바로 그런 사랑이다. 푸른 소나무 옆에서 눈길을 떨구고 있는 매창의 얼굴이 보이는 듯하다. 이걸 사랑의 동아시아적 방식이라 할 수 있을지 모르

산사나무 꽃

당신 곁의 약이 되는 27가지 풀과 나무

산사나무

장미목 장미과에 해당하는 낙엽
교목으로 아가위나무, 산사목, 적
과자, 산조홍, 찔광이, 찔구배나
무라고도 불린다. 5월에 흰색의
꽃을 피우고 전국 산지에서 자생
하며 꽃과 열매 등이 아름다워
조경용 나무로도 인기가 있다.

겠다. 의식과 육체가 서구적으로 도벽된 이 척박한 시대엔 까마득히 잊혀 버린, 케케묵은 고릿적 사랑의 방식이다.

장이머우는 매창의 송백 대신 산사나무를 상징으로 삼아 섬세한 연출로 우리에게 그런 사랑법이 한때 존재했음을 보여준다. 그가 그려낸 것은 시대의 아픔과 교직되며 피어난 순수하고 절절한 사랑이지만, 그 사랑법의 상실과 그것을 대수롭지 않게 여기는 이 '상실의 시대'를 되돌아보게 하는 것이 진짜 주제였을지 모르겠다는 생각이 들었다.

동양의 건위제, 서양의 '메이플라워'

영화에서 산사나무는 연인의 순수한 사랑의 시작과 끝을 함께한다. 산사나무 아래서 둘의 사랑이 시작되고 끝난다. 그토록 보고 싶었던 산사나무 꽃이 필 무렵 남자는 그 나무 아래에 묻힌다. 사전을 들춰보니 산사나무의 꽃말이 '유일한 사랑'이다. 왜 하필 산사나무였을까 했더니 연관이 있다.

동양의 산사나무는 주로 약재로 쓰는 나무다. 열매는 소화가 잘되게 하고 적체된 음식물을 내리는 건위제健胃劑로 쓰인다. 신곡, 맥아와 함께 '삼선三仙'이라 불리는 소식약消食藥의 대표적인 약재다. '약방의 감초'보단 못하지만 감초만큼이나 많이 쓰인다.

장미과에 속하는 산사나무는 우리나라에선 '아가위나무' 또는 '찔광이'

라고 한다. 화창한 5월에 무성한 초록잎 사이로 흰 꽃무더기를 피워내는 산사나무는 사실 우리가 친숙하지 않아서 그렇지, 청춘을 아름다운 순백의 사랑으로 유혹할 만한 나무다. 요즘은 공원의 조경수나 가로수로도 심기 때문에 산에 올라가지 않아도 그 꽃을 쉽게 볼 수 있다. 햇빛을 좋아해 양지바른 야산의 능선이나 숲 가장자리에서 잘 자란다. 영화에서도 양지바른 산 언덕배기에서 가지를 드리우고 연인에게 그늘진 쉼터를 내줬다.

8월경이면 구슬만 한 열매들이 붉게 익는다. 꽃사과의 열매와 흡사하지만 열매 표면에 자디잔 흰 반점들이 점점이 박혀있고 꼭지 쪽에 꽃받침 자국이 남아있는 게 다르다. 사과나무와 한 족보여서 익은 열매는 새콤하고 달큼한 사과 맛이 난다. 이 열매를 따다 씨앗을 제거하고 말린 것을 약재로 쓴다. 이를 산사육 또는 산사자라고 하는데, 흔히들 그냥 산사라고 부른다. 당구자棠毬子라고도 한다.

동양과 달리 유럽에서 산사나무는 수많은 전설을 간직한 민속나무다. 약재로도 쓰긴 한다. 유럽 산사나무의 열매를 크라테거스Crataegus라고 하는데, 쇠약해진 심장을 강하게 해 기능을 회복시키는 강심제로 썼다. 그렇지만 5월을 대표하는 나무로 삼아 '메이플라워May flower'라고 부르며 산사나무 꽃의 아름다움에 더 취했다.

고대 희랍에서 산사나무의 꽃은 희망의 상징으로, 봄의 여신에게 바치는 꽃이었다. 지금도 5월 1일이면 산사나무 꽃다발을 문에 매달아두는 풍습이 있다고 한다. 아테네 여인들은 산사나무 꽃을 행복의 상징으로 여겨

산사열매

달콤하면서도 새콤한 맛이 있어 보통 열매 자체를 간식처럼 섭취하며 씨를 제거해 햇볕에 잘 말린 뒤 달여 먹으면 소화불량과 장염, 요통, 치질, 하복통 등에 효능이 있는 것으로 전해진다. 또한 비타민 C가 다량 함유되어있어서 피로 해소, 면역력 개선, 감기 예방, 피부 미용 등에 효과적이며, 폴리페놀이 들어있어 항산화작용, 노화방지 등에도 도움을 준다.

결혼식 날 머리장식으로 썼고, 로마에서는 산사나무 가지가 마귀를 쫓아낸다고 생각해 아기 요람에 얹어두기도 했다. 영국에서도 5월이 되면 태양 숭배와 관련된 축제를 열었는데, 이때 활짝 피어나는 산사나무 꽃은 5월의 상징으로 여겨졌다.

소화력을 돕고 위장병을 치료

얼마 전 지인이 이 산사나무 열매를 한 자루 가득 가져왔다. 산에 갔더니 이 열매가 잔뜩 열려있어서 땄다는 것. 꽃사과 열매는 아닌 듯하고 뭔지 잘 모르겠다는 표정이었다. 전통주 산사춘의 재료라고 했더니 산사주를 한번 만들어보겠단다. 그가 들고 온 열매는 검붉게 너무 잘 익어서 약

당신 곁의 약이 되는 27가지 풀과 나무

재로 쓰기는 곤란했다. 산사는 적당히 익어 시고 떫을 때 따서 약용으로 쓴다. 또 따서 오래 묵힌 것일수록 약성이 좋다. 과육이 물컹해지도록 익으면 신맛이 거의 없다. 달달한 맛이 난다. 수분이 많아서 효소용으로 안성맞춤이다. 알코올에 재어두면 곧바로 산사 와인, 즉 '산사춘'이 된다.

산사와 관련된 옛이야기가 하나 있다. 어느 마을에 계모가 전 부인의 아들을 심하게 구박해 매일 설익은 밥을 주고 밭일을 시켰다. 흉측한 계모는 아이를 병들게 해 일찍 죽게 하려는 속셈이었다. 설익은 밥을 매일 먹고 위장이 상해 점점 몸이 마르고 복통이 심해지게 된 아이는 산에 올라 슬피 울다, 산사나무 열매를 보게 됐다. 붉게 익은 산사열매가 먹음직스러워 이를 따 먹었더니 신통하게도 배도 아프지 않고 소화가 잘돼 속이 편해졌다. 아이는 이후 설익은 밥을 먹고는 꼭 산사열매를 따 먹었다. 점점 살이 오르고 몸이 건강해졌다. 뒤에 이 이야기가 알려져 산사가 소화력을 돕고 위장병을 치료하는 데 긴요한 약으로 쓰이게 되었다는 것이다.

《동의보감》에는 산사에 대해 "식적食積을 내리고 묵은 체증滯症을 푼다. 기가 뭉친 것과 적괴, 담괴, 혈괴 등 몸속에 뭉친 덩어리를 삭힌다. 비장을 튼튼히 한다. 답답하게 막힌 흉격을 연다. 이질을 다스린다. 종창이 빨리 곪아 터질 수 있게 한다"라고 쓰고 있다.

식적은 음식물이 소화되지 못하고 남은 노폐물 등을 가리키는 말이다. 평소 속이 더부룩하고 가슴이 답답하며 배가 아프고 가스가 잘 차고 대변을 시원하게 보지 못한다면 위와 장에 식적이 있기 때문이다. 당연히 몸의 컨디션이 좋을 리 없다. 만성적인 피로 상태와 담음두통, 목덜미가 무겁고 아픈 항강증, 사람에 따라선 허리까지 아파오는 식적요통 등을 수반한다.

노파심에서 하는 얘기지만, 이 식적의 존재를 확인하기 위해 양방병원에 가서 내시경으로 진단한다면 바보짓이다. 한의학의 식적은 언어와 대상을 일대일로 대응시키는 서양의학의 실체론적 세계관과 부합하는 개념이 아니다. 증상과 상태의 집합이지 종양 덩어리처럼 가시적으로 확인할 수 있는 게 아니다. 주변에 만성적인 체증으로 고생하는 사람이 많은데, 내시경 진단을 받아봐야 서양의학은 체기의 존재를 밝혀내지 못한다. 체증 자체가 실체론적인 언어가 아니다. 이것은 서양의학이 이런 증상에 효과적으로 대응할 수 없다는 말도 된다. 양방병원에서는 위장에 염증이 없으니까 큰 병이 아니다, 신경성이라는 말이나 듣기 십상이다.

내시경으로 볼 수 없는 체증

산사는 소화흡수 기능을 증진하고 위장을 튼튼히 하는 최고의 건위제다. 현대인은 고기를 많이 먹고 식품첨가물이 들어간 빵이나 인스턴트식품을 많이 먹기 때문에 소화기질환을 달고 사는 이가 많다. 산사는 식적, 특히 육류의 과다섭취로 인해 육적肉積이 생겨 소화가 안 되고 늘 배가 더부룩한 증상을 다스리는 데 탁월한 효과가 있다. 산사의 과육에 지방 분해 효소가 많아서 지방이 많이 든 음식물을 잘 소화시키기 때문이다. 중국이나 우리나라에서도 예부터 이런 산사의 성분을 이용해 육류를 요리할 때 산사를 쓰기도 했다. 중국 송나라 때의 시인 소동파의 《물류상감지》에 "늙은 닭을 삶을 때 산사열매를 넣으면 고기가 부드러워진다"라는 기록이 있다.

산사는 장위의 소화흡수 기능이 많이 떨어져 식욕이 없고 조금만 먹어도 배가 부르고 음식이 내려가지 않는 증상에 효과가 좋다. 이로 인해 몸이 여위고 늘 변비에 시달릴 때 산사 40g에 맥아(엿기름) 40g, 빈랑 12g을 환제丸劑로 만들어 복용하면 큰 효과를 본다.

쫄깃쫄깃한 맛을 내기 위해 빵이나 밀가루 식품에 많이 첨가하는 식물성 단백질 '글루텐'은 소화장애를 일으키기 쉽다. 성인 100명 중 1명꼴로 글루텐 알레르기가 있다고도 한다. 이로부터 만성적인 소화불량과 복부의 팽만, 더부룩함, 복통, 설사, 변비 등 위장장애가 심하고 전신적인 피로감과 여드름, 기미 등의 피부질환을 호소하는 경우에도 위

산사열매

의 환제가 효과가 있다. 단, 위산과다가 심한 경우엔 쓰기 어렵다. 위장에서 소화효소의 분비를 촉진하기 때문이다.

여기까지가 소화가 잘되게 하고 적체된 음식물을 내리는 '소식약'으로서의 산사의 효능이다. 그런데 산사의 효능이 이 정도에 그친다면 요즘은 무척 섭섭한 일이 된다. 고혈압과 심장병, 동맥경화에 좋은 것은 물론, 콜레스테롤 수치까지 떨어뜨리는 효과가 크기 때문이다. 한의학 용어로는 '활혈화어活血化瘀'의 효능이다. 관상동맥의 경화로 인한 심장병은 대부분 고혈압을 수반한다. 산사에는 혈관을 확장하고 혈류의 저항을 줄여 혈압을 떨어뜨리는 배당체와 락톤, 플라보노이드 성분이 있어서 이를 개선하는 효과가 크다. 혈압을 내리는 산사의 효과는 생약이기 때문에 완만하긴 하나 지속성이 뛰어나다. 산사를 꾸준히 복용하면 그 효과가 매우 좋은 것으로 알려진다.

요즘 산사의 이런 효능은 서양에서 더 주목받고 있다. 최근에는 산사나무잎에서 추출한 물질이 울혈성 심부전 환자의 수명을 연장한 것으로 확인되기도 했다. 미국 심장학회는 산사나무잎 추출물을 2681명의 환자에게 2년간 투여해 실험했는데, 그 결과 6개월, 18개월 생존율이 크게 높아졌다. 일부 환자에서는 돌연 심장사도 지연되는 효과를 보였을 정도라고 한다. 예부터 산사를 강심제로 썼던 유럽에서는 이미 심부전 치료에 이를 이용하고 있다.

또 산사는 콜레스테롤을 줄이는 효과가 있다고 밝혀진 최근의 약물 중에서도 혈중지질을 떨어뜨리는 데 가장 효과가 큰 약물로 알려지고 있다. 열매에 들어있는 트리테르펜사포닌 성분은 콜레스테롤로 인한 동맥경화에 탁월한 효능을 보이는 것으로 임상에서 입증되었다. 이 성분은 혈압을 낮추는 데도 효과가 있다고 한다. 그렇다면 고혈압이나 심장병이 있는 사람은 산사를 보물처럼 여길 만하다. 흔히 관상동맥 경화로 인한 심장질환과 협심증엔 잘 말린 산사열매 35~50g을 진하게 달여 하루 3회 정도 나눠 마시는 것이 좋다고 한다.

전통적으로도 산사는 활혈화어, 곧 혈액의 순환을 돕고 몸속의 궂은 피를 없애는 약으로 쓰인다. 일반적으로 기혈이 약해진 임산부나 여성에게 많이 쓴다. 산후에 오로惡露가 그치지 않고 어혈이 빠지지 않으면 복통이 심해지고 출혈이 멈추지 않게 된다. 산사는 자궁을 수축시키면서 어혈을 빼내기 때문에 임산부의 자궁을 빨리 안정시키고 통증을 가라앉히고 출혈을 그치게 한다. 또 통경작용이 있어서 생리가 계속되고 하복부의 통증이 그치지 않을 때도 효과가 좋다.

산사열매에는 식물성 교질인 콜로이드가 많아 끓여놓으면 묵처럼 잘 응고된다. 이 때문에 식품으로서도 이용가치가 있다. 예전에는 산사를 보드랍게 가루 내어 꿀에 타 떡을 만들기도 했다. 산사정과正果도 만들었다. 산사나무는 순백의 꽃도 눈길을 끌지만 잎사귀의 모양새도 매우 독특해 잎맥까지 파인 불규칙한 생김새가 인상적이다. 그래서 주변에서 한번 보면 쉽게 산사나무를 구별할 수 있다.

자연이 만든 항생제 금은화

　시골에 집을 구하면 반드시 인동忍冬을 심고 싶다. 금은화金銀花, 인동꽃의 향기에 반해서다. 이렇게 인동꽃에 유난을 떨게 된 것은 수년 전 이름모를 어느 산 계곡에서부터다. 초여름의 신록이 풋풋하게 우거진 산의 계곡 주위가 꿀보다 달콤한 향기로 온통 뒤덮여있었다. 무슨 향이기에 이렇게 감미롭지, 하며 꿈결에 이끌리듯 향기를 따라간 계곡 건너편은 인동넝쿨들이 피워낸 일대 화원이었다.

　초여름의 시작과 함께 꽃망울을 터뜨린 흰색과 노란색의 꽃들이 여름햇살이 무색하도록 환하게 피어있다. 벌들이 붕붕거리며 밀원을 채취하느라 여념이 없는, 그 향기의 원천으로부터 나는 한동안 떠나지 못했다. 금은화라는 말 그대로 금색(노랑)과 은색(흰색)으로 핀 인동의 향기에 휩싸였다. 그러나 그 향은 향수처럼 들큼하거나 유혹적이라기보다는 청아하고 순결하다. 얼마나 감미로운지 마치 천국에라도 온 것 같았다.

겨울을 깔보아 잎이 지지 않는 꿋꿋함

내가 반드시 인동을 심겠다 마음먹은 것은, 그러나 인동꽃이 뿜어내는 달콤한 향기 때문만은 아니다. 우선 엄동설한에도 잎이 시들지 않는 꿋꿋함이 사랑스럽다. 인동 넝쿨의 옛 이름이 '겨우살이넌출'이다. 겨울을 살아서 넘어가는 넝쿨이라는 뜻이다. 모진 겨울 추위에도 변함없이 이파리를 달고 견디어내는 인고의 장한 뜻이 담겨있다.

이 인동을 두고 '능동부조凌冬不凋'라고 했다. 겨울을 깔보아서 추운 융동隆冬에도 잎이 지지 않는다는 것이다. 도홍경의《본초경집주》에 나오는 말인데, 멋진 표현이라는 생각이 든다. 옛사람들이 세한* 연후에 소나무와 측백나무가 시들지 않는 것을 안다고 했다. 인동도 그렇다.

인동은 비교적 따뜻한 곳을 좋아하므로 햇빛이 잘 드는 길가나 숲 주변에서 잘 산다. 그러나 어려운 환경에서도 잘 버티는 강인한 식물이어서, 풍토와 토질을 가리지 않고 웬만한 곳이면 잘 자란다. 내한성만 높은 게 아니라 가뭄에도 잘 견딘다. 또 넝쿨식물이어서 울타리나 담장 주변에 심기에도 제격이다. 꽃색이 흰 것만 있는 게 아니고 붉은 것도 있다.

관상용으로도 돋보인다. 송악松嶽이나 마삭줄 같은 다른 담장용 식물하

---

*   **세한** 歲寒
     설 전후의 추위라는 뜻으로, 매우 심한 한겨울의 추위를 이른다.

고도 잘 어울린다. 인동의 뜻도 마음에 들지만, 사철 푸르고 애써 가꾸지 않아도 잘 자란다는 점도 좋다. 그러나 집 주변에 인동을 심어야 하는 가장 큰 이유는, 무엇보다 그 약으로서의 쓰임새 때문이다. 인동은 반드시 갖춰야 할 가정의 상비약이 될 만하다. 이를테면 유행성 감기로 열이 나고 할 때 굳이 약국이나 병원에 가서 해열소염제를 구하는 대신 집에서 쉽게 쓸 수 있는, 항바이러스와 해열효과가 탁월한 약이다. 청열해독淸熱解毒하는 효능, 다시 말해 항균, 항바이러스, 항염증작용이 뛰어나다.

그래서 전통적으로도 유행성 감기와 유아 편도선염, 각종 인후병, 이하선염, 폐렴, 세균성 이질이나 장염 등을 치료하는 상용약이었다. 입안이 허는 구창이나 종기와 같은 온갖 화농성 피부질환에도 두루 쓰였다. 이런 질환에는 인동의 꽃을 따다 말려서 한 번에 40~80g 정도 끓여서 쓴다. 대량으로 써야 청열해독 하는 효과가 제대로 난다.

《동의보감》에는 "오한과 신열이 나면서 몸이 붓는 증상과 열독으로 인한 발진과 혈변 등을 치료한다"라고 했다. 《본초강목》엔 "한열로 몸이 붓는 것을 다스린다. 오래 먹으면 경신장년익수輕身長年益壽 한다"라고 했다. 또 "열독으로 혈변을 보거나 설사를 하는 병에 진하게 달여 복용한다. 일체의 풍습성 질환과 제반 종독, 살이 곪고 썩어 들어가는 종기, 옴과 버짐 등 피부병, 매독 등을 고친다"라고 했다. 부청주의 《청낭비결》을 보면 말초혈관이 만성적인 염증상태인 탈저脫疽 혹은 맥비脈痹, 요즘 말로는 폐색성 혈전 맥관염 같은 질환이 나온다. 역시 금은화를 다량으로 써야 고친다.

이렇게 인동은 사소한 풍열 감기를 비롯해, 일체의 종독과 잘 아물지 않는 악창 같은 심한 질환을 잘 치료하는 약이다. 또 조금씩 오래 복용하면 몸을 가볍게 하고 수명을 늘리는 보정강장제이고, 혹은 종독으로 인한 부기를 빼는 이뇨제이기도 하다.

중국과 북한에선 인동 넝쿨이 바이러스성 간염에도 효과가 있다고 한다. 또 염증의 활성을 강력하게 억제해 류머티즘성관절염, 골관절염, 통풍성 관절염에도 큰 효과를 보였다. 인동은 단순히 소염작용만 하는 것이 아니고 면역기능도 정상화하는 것으로 나타났다. 이 정도면 인동을 집 주

금은화
가슴이 답답하고 갈증이 있을 때
사용하며 열독으로 인한 피부조
직괴사, 유선염 등에 쓰인다. 특
히 농을 배출하는 데 효능이 있다.

당신 곁의 약이 되는 27가지 풀과 나무

변에 심어야 할 이유로는 차고 넘치지 않을까. 가령 세상이 무너져서 현대적인 병의원을 더는 이용할 수 없게 되어도 집 마당 한편에 인동 같은 약이 있으면 겁날 일이 없겠다.

'간편천' 세 가지를 다 갖춘 양약

청나라 때 의가 장산뢰는 "금은화는 참으로 쓰기 간편하고 또 주변에서 쉽게 구할 수 있으니 좋은 약의 조건인 '간편천簡便賤' 세 가지를 모두 갖춘 천하의 양약良藥이 아닐 수 없다"라고 했다.

인동은 모든 부위를 약용할 수 있다. 꽃과 잎, 줄기를 다 쓰는데, 약명으로 꽃은 금은화, 잎과 줄기는 인동등忍冬藤이다. 꽃은 꽃송이가 피기 직전에 따서 그늘에 말려 쓴다. 잎과 줄기는 넝쿨째 베어내 둥글게 타래로 감아서 햇볕에 말려 쓴다. 인동등은 효능이 금은화와 같으나 항균력은 금은화보다 떨어지고 대신 거풍활락* 하는 힘이 더 있다. 그래서 풍습으로 인한 비증, 이를테면 류머티즘성관절염 등에 더욱 좋다.

흥미로운 얘기가 하나있다. 최근에 이 인동의 꽃, 금은화가 희귀성 난치병의 하나인 크론병(염증성 장질환)에 효과가 큰 것으로 밝혀져 눈길을 끈다. 크론병은 입부터 항문까지 소화관에 만성적으로 염증이 생겨 복통, 설사, 혈변 등을 유발하는 질환이다. 언젠가 예능프로그램에 출연한 유명 연

---

*   **거풍활락** 祛風活絡
    풍을 제거하고 활락하는 효능

예인이 "입부터 소화기 끝까지 염증이 생기는 희귀질환을 앓고 있다"라
고 투병 사실을 밝혀 관심을 끈 바 있다.

크론병은 원인이 불분명해 치료가 어렵고 만성적으로 지속되며, 방치할
경우 치질의 일종인 치루나 대장암으로까지 발전할 수 있다. 앞에서 언급
한《본초강목》의 '열독혈리'의 증상을 떠올리게 하는 질환인데, 현대의학
적으로 아직까지 뚜렷한 치료약이 없다. 그런데 인동꽃의 추출물을 크론
병 환자에게 투여한 결과 혈변이 줄고 전반적인 건강상태가 호전되었다고
한다. 이런 크론병을 앓고 있는 환자는 우리나라에도 약 1만 명 가까이 되
는 것으로 알려지는데, 최근 서양식 식단의 증가로 그 수가 크게 늘고 있다
고 한다. 뼛속까지 서구화 되어버린 우리 몸의 현주소가 아닐까 싶다.

인동은 약으로도 긴요하지만 꽃을 말려 차로도 쓸 수 있고, 꽃이나 전초 그대로 술을 담가도 좋다. 인동차는 조선 왕실에서도 애용했다.《조선왕조실록》엔 "정조 10년(1786), 병에 걸린 세자에게 인동차를 올려 피부의 열이 시원하니 식고 반점도 상쾌하게 사라졌다"라는 기록이 나온다. 순조 때는 "다리에 부기가 있어 인동차를 드시게 했다"라는 기록이 있다. 인동차는 여름철의 청량음료로도 좋고 열성질환의 예방과 치료에도 효과가 있다.

인동주는 온갖 종기에 효험이 크다. 인동의 잎과 줄기를 찧어 생감초와 함께 술에 넣어서 끓인다. 꽃을 소주에 담가 우려낸 금은화주도 갖가지 종기, 부스럼, 각기, 관절염 등에 좋다. 인동꽃이 피면 여름이 시작된다. 인동꽃은 흰색으로 피었다가 2~3일 후가 되면 노란색으로 변한다. 이 때문에 갓 피기 시작한 흰 꽃과 져가는 노란 꽃이 섞인 2색 꽃이 된다. 그래서 그 이름이 금은화다. 다른 이름도 많은데 인동꽃의 생김새가 목이 긴 학이 나는 듯하다 해서 노사등鷺鷥藤이라 하기도 하고, 이보화二寶花, 좌전등左纏藤이라고도 한다.

통령초通靈草라는 이름도 있다. 전염병을 퍼뜨리는 역신을 다스리는 약이라는 뜻이다. 중국에선 귀신이 덮쳐서 열이 나고 정신이 혼미해 죽게되는 오시尸라는 병을 다스린다고 믿었고, 일본에서도 역신을 달래는 국가적인 제사인 진화제鎭花祭를 지내며 이 인동을 바쳤다. 우리나라 전통 공예품이나 기와에서 흔히 보는 당초문도 인동무늬가 많은데 역시 축귀의 의미를 담고 있다. 내가 집 주변에 인동을 심는 마지막 이유가 되겠다.

오장의 맥을 살린다, 맥문동

부추나 꽃무릇(석산) 잎처럼 생긴 길쭉한 잎사귀가 사철 무성하다. 언뜻 보면 춘란春蘭으로 착각한다. 겨울에도 좀처럼 시들지 않고 푸르고, 웬만한 환경에서 잘 자란다. 바로 우리 주변에서 흔히 볼 수 있는 맥문동麥門冬에 관한 얘기다. 추위를 잘 이기는 보리를 닮았다 해서 붙여진 이름인데 알뿌리의 모양이 보리알과 비슷해 그렇다는 설도 있다. 그냥 맥동麥冬이라고도 한다.

고려 때 의약서《향약구급방》에는 동사이冬沙伊라고 기록돼있다. 동사이는 '겨울에도 푸르른 겨우살이'를 한자로 음차한 말이다. 《동의보감》에는 우리말로 '겨으사리불휘'라고 적고 있고, 중국에선 부추를 닮았다는 뜻으로 오구烏韭, 마구馬韭, 우구禹韭라 했다. 좀 난데없지만 불사의 영약이란 의미로 불사초不死草라고도 하고, 돌계단 주변에 많이 심어서 계전초階前草라는 다른 이름도 있다.

야생의 맥문동은 우리나라 전국의 산야에 많다. 요새는 지자체에서 도심의 도로 주변이나 공원의 공터, 관광지에도 많이 심어놨다. 조경용으로 적당한 지피식물*이기 때문이다. 등산로 주변에도 굳이 잡목들을 베어버리고는 이 맥문동을 지피용으로 심은 곳도 많다. 맥문동은 그늘에서도 무리지어 잘 자라며 가뭄과 추위를 잘 견딘다. 예부터 뜰의 가장자리나 마당의 길섶에 많이 심었다.

불사초로 불리는 강인한 생명력

잎사귀도 그렇지만 연보라색의 물결을 이루는 꽃들이 더 볼만하다. 무성한 잎들 사이로 길게 꽃자루가 올라와 6~8월경에 총상꽃차례로 꽃이 핀다. 시골에 가보면 장독대가 있는 뜨락과 정원 한쪽의 이끼 낀 돌들 사이에 맥문동을 무더기로 심은 집이 더러 있다. 그늘진 마루에 앉아서 꽃들을 보고 있으면 보랏빛 주단을 깔아놓은 듯하다. 한여름 무더위로 상한 기운이 이내 안정된다. 전남 구례의 유서 깊은 한옥 곡전재穀田齋 같은 곳에서 그런 고즈넉한 풍경을 누릴 수 있다.

맥문동 열매는 푸른 구슬같이 꽃자루에 둥글둥글 맺혔다가 가을이 되면 검은색으로 익는다. 겨울까지 붙어있는 흑구슬 같은 열매를 보는 것도

---

*   **지피식물** 地被植物
     잔디처럼 낮게 자라 지표를 덮는 식물

당신 곁의 약이 되는 27가지 풀과 나무

여름

맥문동

외떡잎식물 백합목 백합과의 여
러해살이풀로 웬만한 곳에서도
잘 자라 아파트나 빌딩의 그늘진
정원에도 많이 심어져있다. 짧고
굵은 뿌리줄기에서 잎이 모여 나
와 포기를 형성하고, 보통 뿌리
끝이 커져서 땅콩처럼 맺힌다.

당신 곁의 약이 되는 27가지 풀과 나무

큰 즐거움이다. 약재로 쓰는 것은 뿌리와 줄기 부분이다. 약재로 쓰기 위해선 2년 이상 자란 맥문동을 꽃이 피기 전인 봄철에 캐야 한다. 알뿌리의 씨알이 굵기 때문이다. 수북한 수염뿌리 끝에 송골송골 매달린 흰색의 알뿌리를 채취해 맑은 물에 담그고 불린 다음 가운데에 박힌 심을 빼고 말려서 쓴다. 심을 제거하지 않고 써야 더 좋다는 말도 있다. 꽃은 자주색이 흔하지만, 흰색으로 피는 소엽 맥문동도 있다. 잎사귀에 흰 줄무늬가 있는 것 등 관상용 변종이 좀 있다.

맥문동에는 진나라 시황과 얽힌 이야기가 전해온다. 진시황에게 새 한 마리가 날아 들어왔는데 부추잎과 비슷하게 생긴 풀잎을 부리에 물고 있었다. 기이하게 여긴 시황이 방술에 능한 귀곡자에게 물었다. "기이하다. 그 새가 물고 있는 풀잎이 무엇인가?" 귀곡자가 대답했다. "불사초의 잎입니다. 죽은 사람을 그 풀잎으로 덮어두면 사흘 안에 살아납니다. 동해에 있는 삼신산三神山 중 영주에서 납니다." 진시황은 귀곡자의 말을 듣고 기뻐하며 방사 서복의 무리를 바다로 보내 찾게 했다. 그러나 그들은 불사초를 구해 돌아오지 못했다. 시황은 마지막까지 불사약을 찾아 모산과 낭야, 동해 등지를 순행했지만 미처 수도인 함양으로 돌아가지도 못하고 하북의 사구에서 객사했다.

방사들의 말을 너무 믿은 진시황을 상대로 귀곡자가 희대의 사기극을 벌였다고 해야 하나, 아니면 귀곡자도 정말 불사초가 있다고 믿고 있었던 걸까. 후세의 사람들은 항간의 약초들 중에서 이 불사초를 추정하다 이파리가 부추잎과 비슷하게 생겼다는 이유로 맥문동을 불사초라고 하기에 이르렀다. 그렇다면 더 허망하다. 산과 들, 집 주변, 도처에 흔해빠진 게 맥문동인데. 귀곡자가 진시황과 방사들을 제대로 골탕 먹였다는 얘기가 된다. 동해 삼신산까지 서복의 무리를 애써 보낼 필요도 없었다. 어쨌든《본초강목》을 비롯한 옛 의서에는 맥문동을 불사초라고 굳이 적고 있다. 생각하건대 맥문동에 불사의 효능이 있다고 믿어서가 아니라, 만물이 얼어붙는 겨울에도 잎이 죽지 않고 푸른 까닭에 그 생명력을 기려서 불사초라고 하지 않았을까.

자음청열의 약재

사실 맥문동은 그 억척스러운 생명력으로 따지면 불사초라고 해도 부족함이 없다. 예를 들어 맥문동의 알뿌리를 수확하고는 포기를 쭉쭉 갈라서 흙바닥에 그 뿌리를 아무렇게나 던져놔도 좀처럼 죽지 않고 잘 살아난다. 들판의 어느 잡초보다도 더 강인하다. 그늘진 곳에서 잘 자라지만 양지에서도 잘 산다. 매연이 많은 척박한 도로 주변에서도 끄떡없이 사계절 푸릇푸릇하다. 억척스러울 만큼 힘이 좋은 풀이다. 그리고 보니 믿을 것은 아니지만, 혹시 그 약효에도 그런 힘이 있는 것은 아닐까.《동의보감》에 보이는 맥문동의 효능은 이렇다.

당신 곁의 약이 되는 27가지 풀과 나무

"성질은 약간 차다. 맛이 달고 윤택하다. 독이 없다. 심장을 보하고 폐를 맑게 한다. 정신을 진정시키며 맥기脈氣를 안정시킨다. 허로*로 인해 열이 나고 입이 마르고 갈증이 나는 것을 다스린다. 폐위**로 피부와 털이 거칠어지고, 가쁘게 기침하고 숨찬 증상, 열독熱毒으로 인해 몸이 검어지고 눈이 누렇게 변한 것을 치료한다."

허로나 폐위, 열독은 열熱과 조燥의 증상이다. 열은 알겠는데 조는 무엇인가. 쉽게 말하면 진액, 오장五臟의 체액이 모두 고갈돼 부족해진 상태를 가리킨다. 조가 먼저고 열이 뒤따른다. 자동차로 말하면 엔진은 돌아가는데 엔진오일이 부족한 상황이다. 오일이 떨어져 냉각과 세정, 윤활작용을 못 하면 발열이 심해진다. 결국 엔진이 눌어붙는다. 인체도 거의 비슷하다. 사람의 몸도 오일과 같은 진액이 부족해지면 열이 난다. 그래서 입안이 마르고 갈증이 나고, 피모皮毛가 거칠어지고 살과 근육이 위축되며 몸이 기름지지 못하고 마른다.

사람은 기계가 아니어서 엔진이 눌어붙기까지는 꽤 시간이 걸리지만, 어쨌든 전조 증상이 나타난다. 심화心火로 인한 불면증, 위열로 인한 위장 장애(식욕감퇴, 팽만감 등), 맥기가 안정되지 못해 심장이 제멋대로 뛰는 부정맥 같은 증상 등이다. 열과 조로 인해 몸의 기운이 쉽게 소모되는 사람을

---

*   **허로** 虛勞
    기혈이 손상되어 나타나는 빈혈이나 신경쇠약 등 만성적인 소모성 질환
** **폐위** 肺痿
    폐의 열로 인해 체액이 소모되어 생기는 병

예로 들어보자. 살이 잘 찌지 않는 이들은 일견 단단해 보이긴 한다. 그러나 당장에 큰 병이 없더라도 그의 몸은, 사실 일상의 스트레스를 잘 처리 못 해 심장이 늘 불안하다. 오일이 바닥난 자동차 엔진이 툴툴거리기 시작하듯, 진액이 부족하면 조만간 이런 증상들이 찾아든다.

신경쇠약, 당뇨, 고혈압, 면역계의 이상과 호르몬의 대사장애를 비롯한 현대인의 만성적인 각종 소모성 질환도 그 범주 안에 든다. 물론 현대문명의 산물인 부적절한 먹을거리와 공해환경, 화학적 의약품 등으로 몸이 혼탁해진 까닭도 있다. 그러나 밤낮을 모르고 에너지를 퍼내 쓰며 과도한 스트레스 환경에서 지나치게 심기心氣를 억누르고 소모해도 그런 증상이 찾아온다. 오장이 조한 상태에 있는데 그 기능을 지나치게 항진시킨 결과다.

그렇다면 열과 조를 다스리려면 어떻게 해야 할까. 너무 차지 않은, 미량微凉한 물로 열을 식히고 눅진눅진한 진액성 물질을 보충해 오장이 안정되게 해줘야 한다. 맥문동은 성질이 조금 차고 맛이 달고 질이 윤택하다. 미량하면서도 진액이 풍부하다. 그래서 오장의 음陰인 체액을 보태고, 심장과 폐와 위장의 열을 맑게 한다. 이렇게 자음청열滋陰淸熱 하는 약재로는 맥문동을 따라갈 만한 것이 없다.

중국 도홍경의 《명의별록》에는 맥문동이 "마른 몸을 살찌고 건장하게 하며[令人肥健], 얼굴색을 좋게 한다[美顔色]"라고 적혀 있다. 모두 열과 조로 인해 내부의 진액이 마른 증상을 다스리기 때문이다. 또한 "발 위로 종아리 근육이 마르고 힘이 빠져 불구가 되는 것을 다스린다. 위열胃熱이 심해 자주 허기지는 증상을 다스린다. 음정陰精을 보익해 정신을 진정시키고 폐의 기운을 안정시키며 오장을 편안히 한다."라고 적고 있다.

폐 윤택, 심장 안정

감기에 걸려 양방의원에서 한 달 가까이 감기약을 먹은 환자 이야기를 해보자. 독한 양약을 계속 먹었지만 차도가 없다. 기침만 더 심해졌다. 한 번 발작적으로 기침을 하기 시작하면 얼굴이 붉게 달아올라서 거의 죽을

맥문동 알뿌리

지경이 될 때까지 해댄다. 이로 인해 온몸이 결리고 가슴과 허리와 등짝이 꿈쩍을 못 하게 아프다. 구역질을 하고 토하기도 하지만 가래가 많지는 않다. 야간에 더 심해 잠을 자다 느닷없이 기침을 하느라 숙면을 취할 수가 없다. 여기서 그냥 내버려두면 결국엔 병원으로 가서 갖가지 겁나는 병명을 달고 치료를 받다가 제풀에 온몸이 만신창이가 될 것이 분명하다.

맥문동탕 열 첩에 기침이 잡혔다. 맥문동탕은 맥문동이 군주와 같은 역할을 하는 군약으로 쓰인다. 반하(끼무릇), 인삼, 감초, 대추 등이 신하가 되어 맥문동을 보좌한다. 폐의 진액이 말라 해수*가 심해질 때, 특히 백약이 무효일 때, 맥문동탕은 드라마틱한 효과를 낸다. 실제 주위를 보면 이런 환자가 꽤 많다. 아마도 진해제로 염산트리메토퀴놀, 염산슈도에페드린 따위를 과다하게 쓴 탓이리라. 감기를 고친다는 약이 오히려 기관지의 진액을 말려 더 심한 증상을 초래한 것이다. 맥문동은 이로 인한 폐의 조와 열을 다스렸을 뿐이다. 부족한 진액을 보태주고, 진액이 부족해 생긴 열을 가라앉혔다. 열이 더 심한 이는 여기에 죽엽(시누대 잎)이나 석고를 더 넣어 쓴다.

맥문동이 폐에 작용해 이런 일을 하는 것을 양음윤폐養陰潤肺라고 한다. 그러나 진액이 부족한 곳은 폐만이 아니다. 소화기도 그렇다. 맥문동이 위장 등의 소화기에 작용하면 익위생진益胃生津이다. 인후와 혀가 건조하고

---

* **해수** 咳嗽
  딸꾹질을 포함한 다양한 종류의 기침

대장에 진액이 없어 변비가 심할 때 쓴다. 심장도 그렇다. 맥문동이 심장에 들어가면 청심제번*을 한다. 현대적으로는 강심 및 안심작용이다. 스트레스로 인해 심장의 진액이 손상돼 나타나는 증상들, 예를 들면 부정맥이나 불면증에도 탁월한 효과가 있다. 사무실에서 스트레스를 많이 받는 직장인의 경우 맥문동을 차 대신 마시면 좋다. 그러나 조해서 바짝 마르고 정신적으로 불안한 이가 쓰면 좋지만, 습濕이 많아 소통이 잘 안되고 불안하다면 먹으면 안 된다. 오히려 습을 더 조장한다. 병을 더 만드는 꼴이 된다.

양음익기의 생맥산

맥문동은 우리 주변에서 가장 흔하게 볼 수 있는 고급 약재다. 소아의 불면증에도 좋다. 심화가 왕성한 아이들은 심신이 안정되지 못하고 다동불안多動不安 증상이 잘 생긴다. 맥문동을 끓여서 음료 대신 주면 잠도 잘 자고 마음도 편해진다. 소아의 틱 장애나 주의력결핍과잉행동장애ADHD도 체액이 부족해 생기는 경우가 많다. 역시 맥문동 음료가 도움이 된다. 맥문동은 또 조와 열로 인한 고혈압에도 효과가 있다. 굳어진 혈관을 연화하고 혈압을 떨어뜨리는 데 도움이 된다. 여성의 생리통이나 생리불순에도 조가 주증이라면 당연히 이 맥문동이 군약으로 들어간, 이를테면 온

---

* **청심제번** 淸心除煩
지나치게 항진된 심장의 기능을 안정시켜 가슴이 답답하고 번열이 나거나 불안한 증상 등을 가라앉힘

경탕經溫湯 같은 약이 크게 효과를 낸다. 노인들의 심계항진이나 부정맥에도 맥문동이 들어간 자감초탕灸甘草湯 같은 약들이 참 잘 든다.

'맥을 못 춘다'라는 우리말이 있다. 여름철에 땀을 많이 내는 데다 장마철의 꿉꿉한 무더위에 시달리다 보면 영 기운을 차릴 수가 없게 된다. 식욕도 없고 숨이 차고 매사에 피곤해져 일을 해도 좀처럼 의욕이 안 난다. 역시 장臟의 진액이 조해진 까닭이다. 그러나 여름철에 미리 생맥산生脈散을 상복해 이 진액을 보충한다면 이렇게 맥을 못 출 일 따윈 없다. 맥문동 8g에 인삼과 오미자를 각각 4g씩 쓴다. 처방이 간단해 집에서도 쉽게 끓일 수 있다. 여기에 향유와 백편두를 적당량 넣으면 맛도 약효도 더 좋다. 인삼 대신 황기를 쓰기도 한다. 금원사대가* 중 한 명인 이동원의 양음익기養陰益氣 하는 명방名方이다.

생맥산은 시들시들 생기를 잃어가는 오장의 맥을 팔팔하게 되살려낸다. 그래서 기력을 솟구치게 한다. 여름이라는 힘든 절기를 음식이나 약물을 통해 이겨낸다는 사유는 서양의 근대의학에는 아예 존재하지 않는다. 동아시아적 세계관의 히든카드들이다. 생맥산은, 그러나 단지 더위를 이기는 약만은 아니다. 이를테면 당뇨로 갈증이 극심할 때도 생맥산이 잘 듣는다. 또 충혈성 심부전으로 가슴이 답답하고 심계와 불면이 있으며 숨차고 땀이 그치지 않을 때도 쓴다. 동계를 진정시키므로 부정맥에도 쓴다. 굳이 말하자면 강심제이고 안심제다.

---

* **금원사대가** 金元四大家
　중국 금·원 시대 의학 학파

맥문동은 어디에 좋은 약인가. 부정맥, 당뇨, 심부전, 불면, 고혈압, 감기에 쓰는가. 아니다. 조와 열을 다스리는 맥문동의 의미를 알면 그 쓰임이 고정되지 않는다. 장자의 말이 있다. '도道의 추樞가 환중環中을 얻으면 열고 닫는 것이 자유롭다.' 무엇이 어디에 좋다는 식의 약물 이해로는 절대 통하지 않는다. 그것은 양방이 범한 오류들을 생약으로 거듭하는 것이다. 그렇게 해서는 병이 결코 낫질 않으며 터무니없는 부작용만 생긴다.

집 주변의 흔한 풀뿌리로도 병을 치료할 수 있으려면 가장 먼저 뉴턴-카르테시안의 세계관으로부터 벗어나야 한다. 논리가 달라져야 한다는 말이다. 쉽지는 않지만 그렇게 어려운 일도 아니다.

항암제와 봉삼, 개똥쑥 그리고
프로파간다

《프로파간다》라는 책을 쓴 현대 광고학의 아버지 에드워드 버네이스는 대중을 지혜롭기는커녕 우매하기 짝이 없다고 생각했다. 마키아벨리가 대중을 '멍청한 돼지'라고 한 것처럼 말이다. 버네이스는 '대중은 거짓말도 자주 들으면 진짜라고 믿는 바보들'이라고 말한다. 또 '이것이 좋다. 이것을 해라'를 반복적으로 강조해서 각인시키면 그대로 하는 우둔한 자들이라고도 얘기한다.

허위 또는 과장된 선전을 뜻하는 버네이스의 프로파간다는 주로 반복적인 강조기법을 사용하지만, 대중의 지적 수준에 맞춰 중립적인 팩트와 이미지를 제공한다. 그래서 버네이스의 홍보는 더 간접적이고 치명적이었다. 베이컨의 매출을 높이기 위한 버네이스 이전의 홍보가 '값싸고 맛좋은 베이컨을 사드세요' 였다면, 버네이스는 우선 신뢰성 있는 의사를 확

보했다. 그 의사는 방송에 나와 전문가의 식견을 가지고 이렇게 말한다. "오랫동안 건강한 생활을 하기 위해선 올바른 식습관이 필수다. 특히 아침식사가 중요한데, 매일 아침 풍부한 단백질을 섭취하는 것이 무병장수의 근원이다."

버네이스는 커피와 토스트 일색이던 당시 미국인들의 아침식사를 베이컨과 달걀로 모조리 바꿔버렸다. 이 버네이스의 프로파간다에 노출된 사람은 그것이 선전인지조차 눈치채지 못한다.

백선白鮮은 우리나라 산지 곳곳에서 흔하게 볼 수 있는 운향과의 여러해살이풀이다. 5~6월에 흰색 혹은 담홍색의 예쁜 꽃이 핀다. 한 뿌리 캐다가 관상용으로 심고 싶어지는 꽃이다. 운향과 식물이 대부분 그렇듯 백선도 방향성이 강하다. 일종의 알레로파시*일 텐데, 백선도 꽃과 줄기, 뿌리에서 자극적인 냄새가 난다. 옛 본초서에는 그 독특한 냄새를 '양의 노린내 같은 냄새'라고 표현했다. 《본초강목》에선 "양의 노린내가 나서 그 이름을 민간에서 백양선白羊鮮이라 한다"라고 쓰고 있다. 백선이란 이름이 여기서 유래한 것 아닌가 생각된다.

피부질환에 쓰이는 백선피

약재로 쓸 때는 뿌리를 음력 4~5월에 채취해 그늘에 말려서 딱딱한 목

---

*　**알레로파시**allelopathy
　식물이 해로운 화학물질을 분비하여 다른 식물의 활동을 억제하는 현상

질부를 제거하여 쓰는데 이를 백선피라고 한다.《동의보감》에는 우리말로 '검화뿌리'라고 적고 있다. 습과 열로 인한 제반 염증성 질환을 다스리는 청열조습淸熱燥濕의 효능이 있다. 주로 습진이나 구진, 포진, 담마진(두드러기), 알레르기성 피부염 등 다양한 피부질환에 효과가 커서 이들을 치료하는 데 잘 쓰인다. 류머티즘이나 황달, 종기에 쓰기도 한다. 주로 달여서 복용하지만 외용제로 써도 효과가 좋다. 그러나 오래 복용하면 그 차가운 성질 때문에 흔히 비위의 손상, 곧 다양한 소화기 장애를 초래하며 간독성이 있다.

일반적으로 청열하는 약, 다시 말해 우리 몸의 염증을 치료하는 약들이 다 그렇다. 약국이나 병의원에서 우리가 흔히 접하는 양약은 대개가 소염해열진통제다. 위장이나 신장 등 장기의 손상, 간독성 등 부작용이 있다. 산에서 캔 약물도 백선과 같은 약재들은 양방약과 같은 화학적 합성물보다는 덜하겠으나 부작용이 있다. 성미가 차고 써서 염증을 다스리는, 청열하는 약은 함부로 오래 먹을 일이 아니다. 증상과 체질에 무관하게 무조건 몸에 좋은 약이라고 생각하면 일 난다.

노파심에 항간에 유행하는 청열 약들을 좀 적어보면 발계(맹감뿌리), 마치현(쇠비름), 하고초(꿀풀), 황련(깽깽이풀), 포공영(민들레), 어성초, 산국, 백미 등이 그것이다. 한동안 맹감나무 뿌리가 몸속의 중금속과 독을 빼는 해독제라며 인기를 끌더니 요샌 좀 시들하다. 그러더니 느닷없이 우슬과 쇠비름의 바람이 불었다. 청열 약은 아니지만 개똥쑥과 꾸지뽕도 한동안 우량주였다. 주식만 작전세력이 있는 게 아니고 이 바닥도 특정 종목을 떠워서 재미를 보는 모종의 작전세력이 있는 게 틀림없다.

어쨌든 옛 본초서들은 이런 약물들을 단미單味로 쓸 경우, 이를테면 비위가 허한* 한 사람은 조심하라는 식으로 늘 경고를 했다. 한두 해의 경험이 아니고, 수천 년 동안 이런 꼴 저런 꼴 다 겪어본 이들의 집적된 경험이다.

이제는 아시는 분들이 많을 듯하다. 봉삼鳳蔘이니 봉황산삼이니 하면서 한동안 말기 암과 같은, 현대의학에서도 어려운 질환을 치료하는 신통하고 희귀한 약으로 과장되어 임자 만나면 억대의 고가에 팔리던 것의 실체가 바로 백선이다. 나의 경우 20여 년 전 한 심마니가 대단한 비밀을 공개하듯 봉삼이 사실은 백선이라고 귀뜸해 알게 됐지만, 정작 주위에 봉삼이 백선이라는 흔한 풀이며 약성이 어떻다고 얘기하면 거의 씨알이 안 먹히는 느낌이었다. 그도 그럴 것이 봉삼은 거의 만병통치약이고 희대의 영약이었기 때문이다.

통념이 굳어지면 무서운 법이다. 한동안 팩트와 허구가 뒤섞인 실체를 알 수 없는 얘기들이 어지럽게 회자됐다. 뿌리의 형상이 봉황이 날개를 펼친 모습을 닮아 봉삼이며, 조선총독부에서 발행한 《인삼사》에 나오는 백두산의 봉삼이 바로 이것이라는 둥, 자연산 천종산삼보다도 약효가 더 뛰어나다, 효능이 산삼의 무려 수십 배다, 모 의대에서 1980년대부터 게르마늄을 함유한 이 봉삼을 연구했는데 어떻다 등. 인터넷에 들어가면 그

---

* **허한** 虛寒
  허하여 속에 찬 기운이 있는 것

당신 곁의 약이 되는 27가지 풀과 나무

백선

여러해살이풀로 북아프리카, 남
유럽, 아시아 일대에 자생한다.
쓰임새에 따라 봉황삼 또는 봉
삼으로도 알려져있다. 땅속에 있
는 길고 굵직한 뿌리를 봉삼이
라고 하며 귀한 약재로 쓴다. 꽃
은 5~6월에 줄기 위쪽에 달리는
총상꽃차례로 피며 잎과 꽃차례
와 꽃자루에 기름샘이 많아 약간
역겨운 독특한 냄새가 난다.

신통한 효과를 둘러싼 별의별 얘기들이 백선과 봉삼을 교직하면서 프로파간다의 진수성찬을 차려냈다.

요즘엔 이런 말들에 좀 덜 속겠지만, 버네이스의 프로파간다는 여전히 현재진행형이다. 봉삼을 더 예로 들면, 백선과는 다른 봉삼이 실제로 따로 있다거나, 특정 지형에서 자란 오래 묵은 백선이나 게르마늄이 많은 지대에서 자란 백선을 봉삼이라 한다는 식의 프로파간다도 나온다. 덧없는 인간의 욕망에 편승해 봉삼이라는 귀가 솔깃한 상품을 만들어낸 한국의 어떤 버네이스의 후예들과 그를 추종하는 우매한 사람들이 아직도 많다는 말이기도 하겠다.

봉삼이 된 백선의 심각한 부작용

백선을 신비화해 초래된 결과는 자못 심각하다. 사실 백선은 그 자체로 독성이 강한 약물이 아니며 적절히 잘만 쓰면 좋은 약이다. 문제는 그릇 선전된 신통한 효과에 눈먼 믿음 때문에 백선을 장기복용하다 도리어 부작용을 겪거나 몸을 망가뜨린 사례가 주위에 흔하다는 것이다. 백선을 술에 담가 오래 먹다가 몸에 이상이 생긴 후 병원에 갔다 난데없이 간에 구리가 침착되어 나타나는 희귀질환인 윌슨병 진단을 받은 이도 있다. 윌슨병은 유전적 질환이며 어린 나이에 발현된다는 게 의학적 상식이다. 그래서 말이 좀 안 된다. 백선의 장기복용으로 인한 부작용이 아닌가 의심을 받고 있다. 이 정도는 사소한 사례에 속한다.

백선으로 인한 주된 부작용은 대부분 독성 간염인데, 학계에 보고된 케이스가 꽤 많다. 외국에서도 건선이나 피부습진, 관절염, 지방종 등에 백선을 도포하거나 주사, 복용 후 간독성을 초래한 사례들이 적지 않다. 심각하게는 간부전으로 진행되어 사망한 사례도 있다. 2010년 아주대 내과학교실에서 보고한 〈백선 복용 후 전격성 간부전〉 사례는 사뭇 충격적이다.

사례의 환자는 57세 여성으로 봉삼이 몸에 좋다는 말을 듣고 직접 백선을 캐서 뿌리를 달여 하루 4~5잔을 8주 정도 복용했다. 그 후 식욕저하와 체중감소, 황달과 우측 상복부의 통증이 나타나 병원에 입원했다. 진단결과 약물 간독성의 소견이 나타나 내원 7일째 간 조직 생체검사를 했다. 광범위한 간세포의 괴사 등이 관찰됐고, 병원에서는 전격성 간염으로 판단해 치료를 했지만 소용이 없었다. 간성혼수와 간부전으로 진행되어 환자는 내원 24일 만에 사망했다.

기왕 말이 나온 김에 몇 가지 더 얘기하고 가야겠다. 요즘 특정 TV프로그램에서 소개되는 약초들이 나왔다 하면 상종가다. 얼마 전엔 머위가 방송을 타더니 산야에 흔했던 머위가 한동안 그 꼴을 보기 어려웠다. 가급적이면 농가의 골칫거리인 잡초 위주로 약물을 선정해 방송을 만들면 제초도 되니 일석이조겠다. 사실 탐사보도가 아닌 바에야 TV프로그램 자체가 대부분 광고주와 사계의 전문가, 출연자, 방송 제작진의 이해관계로 얽힌 '작전'이기도 하다. 세련된 기법의 그 프로파간다를 통해서 혹여 백선을 봉삼으로 알고 복용하다 간부전으로까지 가는 일이 거듭되지 않을까 걱정스럽다.

다행히 개똥쑥 같은 것은 농가의 수익 작물로서 긍정적인 기여라도 했다. 개똥쑥을 재배한 지인의 얘기를 들어보니 큰 비용을 들이지 않고 농사를 지어 600g 한 근에 5천 원씩 쳐 업자들에게 넘겼는데, 수익성이 나쁜 편은 아니었다. 이 개똥쑥을 소비자들에게 팔 때 업자들은 대략 2만 원쯤을 받았다. 당시 나는 도대체 왜 개똥쑥이 이런 대접을 받는지 도통 이해가 되지 않았지만, 어쨌든 지인을 염두에 두어서라도 또 수천 년 만에 다른 약물들을 제치고 기적처럼 얻은 개똥쑥의 인기에 찬물을 끼얹을 생각이 전혀 없다.

봉삼 뿌리

한약명으로 청호菁蒿라 불리는 개똥쑥도 전통적으로 그 쓰임새가 제한적이며, 환자의 증상에 맞춰 신중히 써야 하는 약물이다. 무조건 아무나 먹으면 암이 예방되거나 치료된다는 식의 믿음은 대단히 곤란하다. 이 개똥쑥의 인기에 결정적인 기여를 한 것은 2008년 워싱턴대학의 연구팀에 의해 실험실 수준에서 개똥쑥에 들어있는 아르테미시닌 화합

물이 뛰어난 항암효과를 보였다고 보도한 내용으로, 이것이 전부였다. 이후 세월이 꽤 흘렀지만 실제적으로 제대로 된 성과가 있다는 얘기가 나오질 않는다. 사실 이렇게 실험실 수준의 연구는 흔하디흔하다. 개똥쑥의 경우도 연구팀의 아이디어를 높이 평가할 순 있겠지만 그 이상은 결코 아닌 것 같다. 2016년 노벨의학상은 아르테미시닌을 이용한 말라리아 치료제 개발에 주어진 것이지 항암하고는 아무 관련이 없다. 원래 개똥쑥이 온열병, 말라리아와 같은 열성질환을 치료하는 데에 주로 쓰인 약물이기도 하다.

미래에 대한 불안과 공포와 두려움이 만연한 사회. 우리 사회가 지금 그렇다. 철학자 강신주의 말처럼 이 나라는 '나'를 현재에 있지 못하게 하고 염려 속에 있게 한다. 당신도 암에 걸릴 수 있다고 끊임없이 몸에 대한 공포를 조장하며 그래서 암보험 하나는 필수적으로 들어야 하고 사소한 질환에도 MRI를 찍어대는 어처구니없는 사회. 그 속에서 남들보다 앞서 산을 돌아다니고 약초를 캐서 웰빙을 한다고 자부하는 이들도 실상을 살펴보면 저 프로파간다의 추종자이기 십상이다.

노자는 '지혜가 나오자 큰 거짓이 생기게 되었다[知慧出 爲大僞]'고 했다. 자연에 참과 거짓이 있을 리 없다. 오직 언어로 분별하는 인간에게만 참과 거짓이 있다. 인간은 지혜를 키워서 이들을 가릴 수 있는 힘을 갖췄지만, 탐욕과 어리석음으로 인해 쉽게 거짓을 참으로 여긴다. 사물의 참된 실상을 바로 보지 못하고 그 쓰임새에 집착하기 때문에 치러야 하는 대가인지도 모르겠다.

개똥쑥

국화과의 한해살이풀이다. '청
호'란 약명은 개똥쑥의 지상부
를 건조한 것이며, 특유한 향기
가 있고 맛은 약간 쓰다.

눈병의 신약 물푸레나무

땅 끝 마을 아름다운 절인 해남 미황사에서 두어 달을 보낸 적이 있다. 어느 날 본당에 내려가 주지 스님이 건네는 차를 한잔 마시던 참인데, 그러다 김태정 씨, 그녀의 시와 만났다.《물푸레나무를 생각하는 저녁》이란 시집을 막 출간한 그녀가 책 꾸러미를 들고 들어왔다. 스님 말씀으로는, 미황사가 좋아 서울 생활을 정리하고 절 아랫마을에서 살고 있다고 했다. 생머리를 단정하게 뒤로 묶은 선하디선한, 그러나 어딘가 병색이 스민 시인의 얼굴을 보면서 그럴 수도 있겠다 생각했다. 건네받은 시집에서 〈물푸레나무〉란 제목의 시를 쑥 훑어봤다. 곧장 시인에게 고약하게 딴죽을 걸었다.

"물푸레나무 껍질이 한약재로 쓰인다. 진피秦皮라고 한다. 이 시에서처럼 물푸레나무 가지를 꺾어 물에 담그면 그 물빛이 푸르스름하게 변한다고 옛날 본초서에도 나온다. 호기심에 몇 번 실험을 해봤다. 그런데 안 변하더라. 내가 볼 땐 물이 푸르게 변한다는 건 전혀 근거 없는 소리다. 뭐, 시니까 상관없겠지만."

시인 김태정의 물푸레나무

그녀의 표정이 어찌할 바를 모르겠다는 듯 가볍게 흔들렸다. 왜 나는 그런 넋 빠진 소리 대신, 그녀의 시처럼 '체하지 않게 등도 다독거려주는' 말을 못 했을까. 그저 웃자고 한 말로 치기엔 두고두고 마음에 걸렸다. 그녀의 시를, 한 시대의 힘겨웠던 삶을, 그 쓸쓸함을 공감하고 있다, 왜 그렇게 말을 못 했을까. 그냥 시가 참 좋다고는 할 수 없었을까.

이쯤에서 김태정 시인의 〈물푸레나무〉를 잠깐 소개해야겠다. 나는 그녀의 이 시가 좋다. 이미 세상을 떠난 시인에게 영영 건넬 수 없는 말이 됐지만. 사실 나는 1991년도에 그가 등단한 계간지 《사상문예운동》을 창간호부터 챙겨 봤고, 그래서 그녀의 데뷔작 〈우수雨水〉도 알고 있었다. 미황사에서 얼굴을 본 지 몇 년 후 악성 골수암과 폐암으로 세상을 등졌다는 사실을 전혀 몰랐던 나는 다시 얼굴을 보게 되면 '시 참 좋다'는 말 정도는 해야겠다고 다짐했었다. 언젠가 절에 가면 옷깃을 스치듯 한번은 만나겠지 생각했다.

물푸레나무는

물에 담근 가지가

그 물, 파르스름하게 물들인다고 해서

물푸레나무라지요

가지가 물을 파르스름 물들이는 건지

물이 가지를 파르스름 물올리는 건지

그건 잘 모르겠지만

물푸레나무를 생각하는 저녁 어스름

어쩌면 물푸레나무는 저 푸른 어스름을

닮았을지 몰라

(…)

어쩌면 나에겐

아주 슬픈 빛깔일지도 모르겠지만

가지가 물을 파르스름 물들이며 잔잔히

물이 가지를 파르스름 물올리며 찬찬히

가난한 연인들이

서로에게 밥을 덜어주듯 다정히

체하지 않게 등도 다독거려주면서

묵언정진하듯 물빛에 스며든 물푸레나무

그들의 사랑이 부럽습니다

_시인 김태정, 〈물푸레나무〉

녹내장과 백내장에 효과 큰 약

물푸레나무는 목서과의 낙엽교목이다. 우리나라 산지에서 흔히 볼 수 있다. 5~6월경 이팝나무 꽃 비슷하게 소담한 흰 꽃이 핀다. 관상용으로도 볼만하다. 노거수는 키가 수십 m까지 자란다. 우리나라에도 키가 20~30m 가 넘는, 신목으로 모셔 매년 동제洞祭를 지낼 만큼 수백 년 묵은 노거수들이 꽤 있다.

전 세계에 70여 종이 분포하며 모두 북반구에서 자란다. 우리나라엔 물푸레나무를 비롯해 쇠물푸레나무, 광릉물푸레나무, 물푸레들메나무 등 여러 종이 있다. 유럽물푸레나무는 애쉬ash라고 부르는데 공원수나 관상수, 가로수로 흔히 심는다. 북유럽 신화에선 최초의 인간이 이 애쉬에서 생겨났다고 하며, 세계를 지탱하는 우주목宇宙木이라고도 한다. 그들은 하늘과 땅, 지옥도 우주를 뒤덮은 상록의 거대한 애쉬에 묶여있다고 생각했다.

동아시아에선 물푸레나무의 뿌리와 줄기, 가지에서 채취한 수피를 약재로 썼다. 중국 최초의 본초서인《신농본초경》에도 그 약성이 수재되어 있는 걸 보면 약용으로 쓴 역사도 오래됐다.《동의보감》을 보면 "물푸레나무의 껍질은 성질이 차고 맛이 쓰며 독이 없다"라고 했다. 주로 간과 담의 열을 다스려서 각종 세균성, 비세균성 안질환을 치료하거나 이질 같은 세균성 장질환 등을 치료하는 데 썼다. 피부와 살이 저리고 아픈 풍한습비風寒濕痹에도 썼다.《동의보감》에서 그 효능을 더 살펴보면 다음과 같다.

"간의 열이 오래되어 눈알이 충혈 되고 붓고 아픈 증상이나, 바람을 쐬면 눈물이 그치지 않는 풍루風淚를 낫게 한다. 눈에 생긴 청예靑瞖와 백막白膜을 없앤다. 진피를 달여 눈을 씻으면 정기를 보하고 눈을 밝게 한다. 또 열리熱痢와 여성의 습열대하, 소아의 간질을 치료한다."

요즘의 말로 풀면 '청예'는 녹내장, '백막'은 백내장이다. '열리'는 세균성 이질이다. '습열대하'는 세균 감염으로 인해 염증성 삼출물 같은 분비물이 나오며 빛깔도 나쁘고 악취가 나는 냉대하를 가리킨다. 이런 질환에 물푸레나무가 특효약이다.

사실 물푸레나무는 '눈병의 신약神藥'이라고 해도 부족함이 없다. 안구충혈이나 결막염, 트라코마와 같은 세균성 안질환 등 일체의 눈병에 잘 든는다. 보통 물푸레나무 껍질을 달인 물로 눈을 씻어내는데, 나무껍질에 상처를 내서 그 수액을 받아 눈을 씻거나 점안해도 효과가 좋다. 백내장과 녹내장 같은 만성적인 질환에도 물푸레나무 껍질을 달인 물로 꾸준히 점안하면 좋아진다. 또 안검 내에 염증이 생긴 급성화농성 질환, 맥립종(다래끼)도 잘 고친다. 맥립종은 한의학적으로 보면 주로 비위의 습열이 원인이다. 물 푸레나무 껍질과 대황을 5대 1 또는 2대 1 정도의 비율로 해서 전탕해 며 칠 복용하면 가라앉는다.

물푸레나무엔 에스쿨린과 에스쿨레틴이라는 성분이 있는데 에스쿨린 은 소염작용을, 에스쿨레틴은 이담작용을 한다. 요산의 배출을 촉진하는 효능도 있다. 그래서 통풍 치료에 쓰인다. 어디선가 물푸레나무가 통풍 치 료에 신통한 효과가 있다고 한 글을 본 적도 있는데 그렇게 신통한지는 잘 모르겠다.

어쨌든 물푸레나무 껍질을 끓인 물을 마시면서 환부를 찜질하는 방법 으로 몇몇 환자는 효과를 보기도 했다. 오래된 통풍은 서양의학에 서도 잘 치료하지 못하기 때문 에 물푸레나무 껍질을 끓여서 늘 차처럼 마시고 찜질을 하는 것 이 방법일 수 있다고 생각한다. 간경의 열로 인해 소아가 경기 를 일으킬 때도 역시 쓸 수 있다. 그러나 물푸레나무 껍질, 진피는 성질이 차서 위장의 기운을 쉬 손상시킨다. 비위가 약하고 차가

물푸레나무

쌍떡잎식물 용담목 물푸레나뭇
과의 낙엽교목으로 산기슭이나
골짜기 물가에서 자란다. 가지를
물에 담그면 물이 푸르게 변하기
때문에 물푸레나무, 수청목이라
고 부른다.

워서 늘 탈이 잦은 사람일 경우 그 복용에 신중을 기할 필요가 있다.

물색을 푸르게 하는 것이 진품

물푸레나무는 잠피岑皮, 심목梣木, 석단石檀이라고 하기도 한다. 석단이란 이름은 돌로 만든 벼루 대신 이 나무로 벼루를 만들기도 했기 때문에 붙었

물푸레나무 껍질
물푸레나무 껍질은 회색을 띤 갈색이며 잿빛을 띤 흰 빛 깔의 불규칙한 무늬가 있다. 가지는 도리깨의 회초리로 쓰였으며 농기구의 자루로도 많이 이용되었다. 생가지는 불에 잘 타는 성질이 있어서 눈 속에서 길을 잃은 사람은 가지를 불태워 추위를 이겨낼 수 있었다고 한다.

다고 한다. 그만큼 목재의 재질이 단단하고 치밀하다. 사실 물푸레나무의 주된 용처는 가구재다. 목질이 단단하면서도 구부리기도 쉽고 질감이 좋다. 과거 농경사회에선 이 물푸레나무로 소의 코뚜레를 만들었다. 도리깨나 각종 연장 자루, 또 배와 수레 등을 만드는 데도 이 나무를 썼다. 그리스 신화에선 아킬레스의 창을 애쉬라 했는데 잘 다듬어서 창과 같은 무기로도 썼던 모양이다. 요즘은 스키와 야구 배트를 만드는 데 쓰인다고 한다.

다시 《동의보감》으로 돌아가면, 물푸레나무의 생김새와 약재의 채취 시기에 대한 내용이 있다. "물푸레나무는 박달나무와 비슷한데 잎이 더 가늘고 껍질에 흰 반점이 있다. 껍질을 음력 2월과 8월에 벗겨 그늘에 말린다." 그다음이 중요하다. "껍질을 벗겨 물에 담그면 그 물색이 푸른빛이 된다. 이 물로 글을 쓰면 종이에 푸른빛이 보이는 것이 진품이다."

아무래도 내가 건성으로 실험을 했는지도 모르겠다. 최영전 씨의 《식물민속박물지》를 봤다. "진피가 물을 푸르게 하므로 강원도지역에선 수청목水青木이라고도 하고 청피목靑皮木이라고도 한다." 짬이 나는 대로 산에 올라 물푸레나무 가지를 꺾어서 다시 실험을 해봐야겠다. 그렇지만, 그런들 그게 무슨 의미가 있을까.

"달마산에 금샘이 있는데 그 물빛이 금빛으로 보인답니다. 그런데 누구에게는 금빛으로 보이지만 누구에게는 그냥 물로만 보여요. 같은 눈인데 금샘이 보이기도 하고 보이지 않기도 하지요."

그날 시인 옆에 계시던 주지 스님이 웃으며 시인 대신 하신 말이다. 이제는 물푸레나무 가지가 물을 파르스름 물들이는 그 푸른빛이 내 눈에도 보인다. 가난한 연인들이 서로에게 밥을 덜어주듯, 체하지 않게 등도 다독거려주면서 물빛에 스며든 물푸레나무의 그 푸른빛이. 그래서 이제는, 영영 할 수 없는 말이 됐지만, 미황사 근처에서 우연이라도 시인을 만나면 나는 이 말을 건네고 싶었다. 물에 담근 가지가 그 물을 파르스름하게 물들인다고 해서 물푸레나무라고.

말기암에 쓰이는 장자의 나무 옷

　　장자의 《내편》을 읽었다. 시골 목사, 방송국 PD, 치과 의사, 의대 교수, 한의사 등 일곱 명이 한의원에 모여 각자의 분량을 맡아서 강독을 했다. 다들 한가한 사람들이 아니니 자기 몫의 삶이 바쁘고 힘들다. 그런데도 끄떡없이 해냈으니 존경스럽기까지 하다.

　　〈인간세人間世〉 편에 "한결같이 도道에 머물러 부득이不得已에 맡긴다"라는 말이 나온다. 선택의 여지 없이 세상에 태어나서 먹고살기 위해 갖은 애를 쓰고 노심초사해야 하는 일들이 모두 '부득이'한 일이다. 그 속에서 이로운 것만 취하려 하고 이롭지 못한 것은 피하려 하니 괴롭고 고통스럽다.

옷 관리였던 장자

　하지만 장자는 저것은 이래서 나에게 좋고, 이것은 그러지 못해 나쁘다는 따위의 분별심만 거둔다면 사뭇 달라진다고 말한다. 나와 타자 모두에게 두렵고 힘든 세상의 뭇 파도가 남태평양의 짙푸른 해변에서 서핑이라도 하듯 올라탈 만한 일이 된다. 《내편》〈인간세〉에 나오는 장자의 '승물이유심乘物而遊心'이 그것이다. 누구나 어쩔 수 없이 파도[物]를 탄다. 부득이한 일이 아닌가. 그 파도에 대한 호오好惡의 분별을 버리고 파도의 흐름을 타고 마음을 자유롭게 노닐도록 하라는 것이다.

　내가 살고 있는 이 시대와는 비교도 할 수 없이 큰 불안과 절망의 시대를 살았던 장자의 얘기다. 크다 작다, 좋다 싫다, 쉽다 어렵다, 있다 없다 하는 분별을 여의면 된다. 왜 인간은 이것을 못 하는가. 본디 파도에 무슨 호오가 있는가. 도의 바다에선 모두가 일미一味 아닌가. 말을 알아듣지 못하는 인간들에 대한 그의 탄식이 들리는 듯하다. 〈인간세〉에 나오는 글 한 토막이다. 마치 선시禪詩 같다.

　　저 빈 것을 보라. 瞻彼闋者

　　텅 빈 방이 뿜어내는 흰 빛. 虛室生白

　　행복은 분별을 여읜 고요함에 머무르는 것. 吉祥止止

　　머무르지 못하면 몸은 앉아있어도 마음은 달리는 것이니라. 夫且不止

　　是之謂坐馳

옻나무

철학자 장자는 무용無用의 용用, 곧 쓸모없는 것이 진짜 쓸모가 있음을 예찬하며 한탄했다. "산의 나무는 쓸모가 있으므로 잘려 나가고, 기름은 불에 타기 때문에 스스로를 태운다. 계수나무는 먹을 수 있기에 잘려서 먹히고, 옻나무는 옻 진을 쓸 수 있기 때문에 잘려서 없어진다."

여름

나를 잊는 좌망坐忘과 마음을 굶기는 심재心齋를 말하던 장자도 역시 세간에서 먹고살아야 했으므로 부득이하게 직업을 가졌다. '칠원리漆園吏'라는 관직이다. 하는 일이 우습게도 옻나무 밭을 관리하는 거였다. 그런데 장자의 시대에는 생각 외로 이 칠원리가 상당한 직책이었다. 기원전 4세기 장자가 살았던 중국의 전국시대에는 옻나무 밭, 곧 칠원을 나라에서 직접 관리했다. 왜냐하면 먹이 발명되기 전에는 옻칠이 왕실이나 관청에서 문서를 작성하는 데 없어서는 안 되는 중요한 수단이었기 때문이다.

옻이 없으면 문서를 만들 수 없었다. 당시엔 죽간竹簡이나 갑골에 이 옻칠 액으로 글을 썼는데, 죽정竹挺이라는 대나무로 만든 펜으로 옻나무 액을 찍어 썼다고 한다. 이렇게 해서 만들어진 문서를 죽간칠서竹簡漆書라고 한다. 공자나 맹자 시대의 문서 대부분이 죽간칠서였다. 국가행정에서 문서가 차지하는 중요성을 감안하면 옻의 안정적인 조달은 중대한 일이 아닐 수 없었다. 칠원리가 옻나무 밭을 잘못 관리하면 일국의 행정이 큰 차질을 빚게 되므로 자칫 잘못하면 그 책임을 지고 벼슬에서 쫓겨나기도 하고 벌도 받았다.

옻나무가 그냥 내버려두어도 아무 데서나 잘 크고 쉽게 죽지 않는 나무였으면 굳이 나라에서 옻나무 밭을 만들어 관리할 것까진 없었을 것이다. 그런데 그렇지 않다. 옻은 생육조건이 무척 까다롭다. 다른 나무보다 씨앗의 발아율이 낮아서 번식시키기 어렵다. 또 씨앗이 발아한 후 잔뿌리가 제자리를 잡는 데 3년 정도가 걸린다. 잘 자라지 못하고 죽는 게 많다는 얘기다.

그러니 옻액에 대한 수요를 감당하기 위해선 옻나무 밭을 두고 체계적으로 관리하지 않으면 안 되었다. 옻나무 씨앗의 발아율을 높이기 위해 씨앗을 짚불에 살짝 볶아서 심기도 했는데, 그렇게 하면 자연상태에서보다 발아율이 높아진다고 한다. 이런 방법은 조선 후기의 유학자 홍만선의 《산림경제》에도 실려있다. 아무튼 옻나무는 관리를 잘해야 했다. 장자가 칠원리 직책을 얼마나 유지했는지는 알 수 없다. 그의 행적에 대해서도 자세히 알 길이 없다. 장자가 죽은 뒤 200년쯤 뒤에 쓴 사마천의 《사기》〈장주열전〉에 초나라 위왕魏王이 사자를 보내 재상이 돼주기를 청했으나 가볍게 거절했다는 것으로 보아 옻나무 밭을 계속 지키며 지내기는 어려웠을 것 같다. 아무튼 그는 극히 궁핍한 생활을 했으나 부귀와 영화를 추구하지는 않았다.

《잡편》의 〈열어구列禦寇〉에는 그런 장자의 모습이 잠깐 비친다. 그 앞에서 자신의 영달을 뽐내는 조상曹商이라는 세객說客에게 장자는 "세상의 부귀는 권력자의 항문에 난 치질을 빨아 얻은 것과 같다"라고 일갈한다.

언젠가는 다 떨어진 신발에 누덕누덕 기운 옷을 입고 위왕을 만났다. 위왕이 "선생은 왜 그리 지쳐 보이는가" 하고 비웃자, 장자는 "지친 것이 아니라 단지 가난할 뿐"이라고 말한다. 그러고는 "지금같이 어리석은 군주와 못난 신하가 있는 곳에서는 어느 누가 병들고 지치지 않으려 해도 그럴 수가 있겠는가"라며 한마디 덧붙인다. 가난과 궁핍이라는 파도를 타고도 장자는 자유로웠다.

　우리나라 역시 왕실에서 많은 양의 옻을 필요로 해 삼국시대나 고려시대에 옻나무 심기를 권장한 기록이 여기저기 남아있다. 칠기를 비롯해 가구, 제기, 병기, 미술공예품 등 고급스러운 생활용품의 제작에 옻은 필수적이었다. 흔히 무언가를 표면에 바를 때 칠을 한다고 하는데 옻나무를 가리키는 칠漆에서 나왔다. 옻칠에 대한 수요가 얼마나 많았을지 짐작게 하는 말이다. 조선시대에도 옻 생산을 독려했는데 관청에서 무리하게 징수하는 통에 백성의 원성을 사는 일이 적지 않았다.

옻의 항암작용

　그런데 이 옻나무는 옻칠을 하는 도료로만 쓰임새가 한정되지 않는다. 옻은 약이다. 그것도 암과 같은 불치의 질환을 치료하는 영약이다. 옻 속의 푸스틴과 피세틴 등 몇 가지 성분이 항암작용을 한다. 항간에 인산의학으로 유명한 김일훈 옹은 옻을 난치병 치료의 기본 약재라고까지 말한다. 그는 유방암을 비롯한 여러 가지 난치성 질환에 이 옻을 오리나 닭과 함께 넣고 조리해 복용하면 효험이 크다고 했다.

　실제로 옻은 항암제로 쓰여서 상당한 성과를 보였다. 옻나무 진액에서 독성을 제거해 만든 '넥시아'는 사형선고를 받은 것과 같은 말기 암 환자들을 10년 이상 생존시켰다. 한의사 최원철 씨가 이뤄낸 쾌거다. 덕분에 한동안 그는 의료계의 갖가지 딴죽걸기와 논란의 중심에 서있어야 했다.

옻은 한약재로 쓰일 때는 건칠乾漆이라고 한다. 맨 처음 옻나무에서 얻는 진은 우윳빛이다. 고운 모시나 명주 등으로 불순물을 걸러내는데 이를 생칠生漆이라 한다. 이 생칠은 수분이 많으므로 햇빛이나 숯불로 수분을 증발시키는 과정을 거쳐 투명한 옻액이 된다. 이를 투명칠透明漆이라 한다. 한약재로 쓰이는 건칠은 흑갈색의 수지 덩어리인데, 생칠 속의 우루시올 성분이 공기 중에서 산화해 색이 변한 것이다.

《동의보감》은 건칠이 "성질이 따뜻하고 맛이 맵고 독이 있다"라고 했다. 흔히 어혈을 삭이고 몸속의 굳은 핏덩어리를 깨뜨리며 여성의 생리가 끊어진 것 등을 치료하는 약으로 썼다. 활혈거어 하는 약재다. 요샛말로 전립선염이라고 할 수 있는 산가疝瘕를 치료하고, 회충 등 배 속의 기생충을 없애는 데에도 썼다. 중국 금나라 때의 저명한 의가인 장원소는 "오래되어 딱딱하게 굳어버린 적체를 삭여내고, 응결된 어혈 덩어리를 깨뜨린다"라고 했다.

건칠은 뜨겁고 매운, 신온辛溫한 약이다. 역시 아무에게나 좋은 약은 아니다. 몸이 차고 냉랭한 사람에게 쓴다. 이런 이들에게서 생긴 적체와 어혈에 쓴다. 염증이 많거나 몸이 더운 사람에겐 써서는 안 된다. 그런데 옻에는 독이 있다. 자칫 잘못 쓰면 부작용이 극심하다. 이른바 옻독이다. 한의학에선 칠창漆瘡이라고 한다. 옻액의 우루시올 성분이 이 옻독을 일으키는 물질인데, 옻에 예민한 사람은 1μg(마이크로그램)의 우루시올에도 피부염이 생긴다.

이 옻독을 없애기 위해 건칠을 쓸 때는 판판한 돌 위에 올려놓고 불을 피워 약재에서 연기가 올라올 때까지 가열한다. 그렇게 몇 차례 연기를 빼내면 웬만해선 옻독이 오르지 않는다. 요즘은 옻나무 진액이나 옻 껍질에 용매를 첨가하고 고열 처리를 해서 독성을 제거하는 기술특허를 내 독성이 제거된 옻 진액을 대량으로 생산하기도 한다.

옻나무는 흔히 참옻나무, 개옻나무, 검양옻나무, 붉나무 등으로 분류한다. 참옻나무는 중국이 원산지다. 우리나라 산야에선 보기 어렵다. 그래서 대개 밭에서 재배하는 것은 참옻나무이고 산야에 흔히 보이는 것이 개옻나무, 검양옻나무다. 약재나 칠의 원료로서 가치가 있는 것은 참옻나무다. 그런데 옻나무 종류가 아닌데 잎사귀의 생김새가 옻나무와 흡사한 나무가 많다. 어린잎을 따다가 장조림을 하거나 맛있는 부각을 만드는 멀구슬나뭇과의 참죽나무도 옻나무와 잎이 비슷해 구별이 쉽지 않다.

칠해목과 옻독

옻독이 오르면 참으로 견디기 어렵다. 수년 전 농가의 밭에 심어진 옻나무를 참죽나무로 잘못 알고 먹어 전신에 시뻘겋게 옻독이 오른 환자 한 분을 치료한 일이 있다. 참옻의 새순이나 어린잎은 맛이 달아서 보양식품으로 식용하기도 하는데, 이분은 옻에 민감해서 손도 대지 않는다고 한다.

그런데 주변에서 절대 옻나무가 아니라고 해 몇 잎을 먹었다.

옻잎을 먹은 후 한나절 동안은 별다른 기미가 없었다. 단지 잇몸 주변이 좀 부은 듯한 느낌이었다. 하루가 지나자 입술 주변이 퉁퉁 부어올랐다. 부기는 얼굴 전체로 번졌다. 작열감과 가려움이 너무 심해 민간처방으로 들기름을 바르고 꽃게를 끓여 국물을 마시자 좀 완화됐다.

그렇게 괜찮아지나 했더니 다음 날 온몸에 열이 나고 전신의 피부가 성이 나서 살갗이 터지고 진물이 났다. 양방의원에 가서 주사를 맞고 약을 처방받아 먹었지만 아무런 효과가 없었다. 내원한 환자를 살펴보니 등과 복부, 목 주변, 가슴, 손목과 다리, 허벅지까지 전신에 온통 시뻘겋게 옻독이 올랐다. 가장 견딜 수 없는 것은 온몸의 가려움이 극심해서 이를 긁어 대느라 한숨도 잠을 이룰 수 없다는 것이다. 급히 한약을 조제하고 침을 놓으면서 경과를 지켜보기로 했다. 2~3일이 지났는데도 크게 진전이 없었다.

환자의 동의를 얻어 옻독에 신통한 효과가 있다는 '칠해목漆解木(까마귀밥여름나무)'을 구해서 복용해보기로 했다. 칠해목은 그 줄기와 잎이 옻독을 잘 고쳐 이를 끓여 복용하면 첫날부터 소양감과 발적, 작열감 등이 없어지고 부어오른 피부의 발적이 가라앉아 수일이면 모든 증상이 없어진다고 한다. 민간처방이지만 재야의 약초 연구가들이 옻독을 해독하는 신기한 약으로 그 효능을 부각하기도 하고 북한의 동의학 자료에서도 임상 효과를 소상히 기술하고 있어서 기대가 컸다.

그러나 결과는 어처구니없었다. 약물 복용 후 옻독의 증상이 개선되기는커녕 환자의 멀쩡했던 한쪽 팔이 손목에서 어깨까지 비정상적으로 부풀어 올랐다. 만져보면 고무처럼 탱탱한 것이 림프부종과 흡사했다. 옻독의 증상인 피부의 소양감과 발적, 작열감 어느 것 하나도 호전이 안 됐다. 3~4일을 속을 끓이며 지켜보았으나 차도는커녕 터무니없는 부작용만 생긴 것을 확인하고 모든 기대를 내렸다.

다시 옻독에 좋은 한약을 처방하고 부기가 빠지지 않는 팔에 침을 놓고 부항을 써서 사혈*을 했다. 수일 후 옻독이 대부분 진정됐다. 신통한 효과에 혹해서 칠해목을 썼다가 된통 혼이 난 이야기인데, 이런 민간처방들은 하나같이 그 약효가 부풀려져 신통하지 않은 것이 없다. 과장된 표현에 너무 미혹되어서도 안 되겠지만, 단방으로 쓰는 이런 약들은 실제로 그만한 약효를 가지고 있다고 하더라도 단미單味로부터 나오는 부작용이 더 심각할 수도 있다. 칠해목으로 얻은 심심한 교훈이다.

---

* **사혈** 瀉血
   삼능침三稜針 등을 이용하여 피가 나게 하는 것

진통의 요약, 큰꽃으아리 혹은 클레마티스

　20대 초반 보성의 대한다원에서 하룻밤을 묵은 뒤 이른 아침 비단안개 낀 차밭 길을 걸었다. 그러다 큰꽃으아리를 보았다. 초록색 융단을 펼친 듯한 녹차밭 경사진 산길에 여린 꽃대를 세우고 하늘거리는 흰 꽃들. 미나리아재빗과 으아리속의 덩굴식물인 큰꽃으아리는 누구라도 우연히 보게 된다면 '으아!' 하고 소리라도 지를 만큼 미백색의 꽃송이가 크고 예쁘다.

　우리나라 산지 전역에서 자라는 여러해살이 덩굴식물인 큰꽃으아리는 개체 수가 많지 않아선지 쉬 눈에 띄는 꽃은 아니다. 더위가 막 시작되는 5~6월경 여린 가지에서 지름이 10~15cm 정도 되는 큰 꽃이 핀다. 양지나 반그늘의 산록에서 잘 자란다. 최근엔 전북 장수에 계시는 인문운동가 이남곡 선생님을 뵈러 갔다가 마을로 들어가는 산길에서 이 꽃을 봤다. 아무래도 저지대의 산록에서 자주 보인다. 깊은 산중의 고적함보다는 야산이나 야트막한 숲길의 따사로움을 더 좋아하는 것 같다. 이 큰꽃으아리와 꽃 크기가 비슷한데 연한 보라색으로 피는 것도 있다. 우리나라 산야에서도 볼 수 있으면 좋으련만 아쉽게도 중국원산이다. 중국에선 '위령선威靈仙'이라고 하고 북한에선 '꽃으아리'라고 부른다.

귀족적인 기품의 클레마티스

서양에선 큰꽃으아리를 '클레마티스Clematis'라 한다. 클레마티스는 그리스어로 덩굴식물을 뜻하며, 학명으로 쓰일 땐 으아리속 식물을 모두 일컫는다. 이 속의 식물은 전 세계에 수십 종, 우리나라엔 약 18종 정도가 자

당신 곁의 약이 되는 27가지 풀과 나무

큰꽃으아리

숲 가장자리와 산기슭의 볕이 잘 드
는 풀밭에서 자란다. 꽃은 5~6월에
흰색 또는 연한 자주색으로 피고
가지 끝에 한 개씩 달린다. 한방
에서는 뿌리를 위령선이라는 약
재로 쓰는데, 사지마비, 요통, 근
육마비, 타박상, 다리의 동통 등
에 사용한다.

란다. 큰꽃으아리를 비롯해 종덩굴, 요강나물, 으아리, 큰위령선, 외대으아리, 조희풀, 개버무리, 사위질빵 등이 우리나라 으아리속 식물이다. 작은 꽃들을 무수히 피워내는 사위질빵만 그 꽃이나 모양새가 보잘것이 없지, 다른 으아리속은 모두 집 마당에 심어도 될 만큼 매력이 있다.

요즘 시중에 나오는 예쁜 클레마티스들은 이들 중 큰꽃으아리와 중국의 꽃으아리 등 몇 종의 클레마티스를 교배해 관상용으로 만든 교잡종이다. 야생의 큰꽃으아리와 달리 보라색, 붉은색, 분홍색 등 꽃색이 다양하고, 꽃 모양도 무척 화려하다. 값비싼 의상으로 치장한 이국의 귀부인 같다고 할까. 현관의 기둥이나 울타리를 타고 오르며 피어나는 자태들이 큰꽃으아리와 비교하면 규중의 소박한 여인과 살롱의 화려한 마담만큼이나 차이가 난다. 미국 버몬트주의 농가에서 아름다운 정원을 가꾸며 산 타샤 튜더*의 책《타샤의 정원》에도 이 클레마티스가 나온다. 고풍 어린 타샤의 집 담벼락 한편을 보라색으로 수놓은 '클레마티스 더 프레지던트'는 말할 수 없이 귀족적인 기품을 자아낸다. 성결한 처녀의 이미지로 '마리아의 꽃'이라고도 한다. 그런 느낌을 표현한 것일까. 클레마티스의 꽃말도 '고결'이다.

유럽에선 클레마티스를 '여행자의 기쁨', '처녀들의 휴식처'라고 부르기도 했다. 길섶에 무성하게 덩굴을 내어 은은한 바닐라향의 꽃들을 피워내는 클레마티스는 고단한 나그네의 발길을 머물게 하고 시원한 그늘을 만

---

*　　**타샤 튜더**Tasha Tudor
　　미국 동화 작가, 삽화가(1915~2008)

들어주기도 했기 때문이다. 중세에는 샘터를 치장하는 꽃으로도 쓰였다. 흑사병이 휩쓸고 간 후 정결한 샘물을 기원하는 샘물 축제가 성행했는데 이때 클레마티스의 긴 덩굴과 꽃으로 샘터를 장식해 성모에게 헌정했다는 것. 내 생각을 덧붙이자면 이 클레마티스들은 큰꽃으아리나 꽃으아리가 아니고 으아리나 사위질빵이 아닐까 싶기도 하다. 덩굴이 큰꽃으아리보다 훨씬 무성하기도 하고 모두 다 클레마티스라고 불리기 때문이다. 큰꽃으아리의 약초명은 위령선이다. 철선련鐵線蓮이라고도 한다. 늦가을이나 겨울에 수염처럼 무성한 뿌리를 채취하여 그늘에 말려서 쓴다.

'조복모효'의 초강력 진통제 위령선

약초로서의 위령선은 큰꽃으아리의 뿌리만을 지칭하는 것이 아니다. 큰꽃으아리를 포함해 우리나라 산야에서 흔히 보이는 으아리, 바닷가 가까운 곳에서 군락을 이루고 사는 참으아리, 중국원산의 위령선, 가는잎사위질빵 등을 모두 위령선이라고 한다. 이들의 뿌리를 캐보면 줄기 하나에 기다란 철선과 같은 수십 수백조의 뿌리가 무성하게 사방으로 뻗어있는데, 클레마티스(으아리)속이 하나같이 다 그렇다.

땅속에 있을 때는 황흑색이던 이들 뿌리의 색이 건조시키면 짙은 흑색으로 변한다. 이렇게 검은빛이 나는 것을 철각鐵脚위령선이라고 한다. 전통적으로 이 철각위령선을 약재로 쓴다. 같은 으아리속이어도 그 뿌리가 황색이나 흰색인 것은 약으로 쓸 수 없다.

큰꽃으아리의 뿌리, 위령선은 우선 효과가 탁월한 진통제다. 옛 의서엔 풍습風濕으로 인한 모든 통증을 치료하는 '치통治痛의 요약要藥'이라고 하고 있다. 진통만 잘하는 것이 아니라 병의 원인을 제거한다. 풍습이 체표는 물론, 신경이나 관절의 깊은 곳까지 침투한 증상에 대해 뛰어난 효과를 낸다. 요즘의 병명으로 골관절염 초기부터 만성화된 류머티즘성관절염을 불문하고 모든 관절염을 잘 치료하는 약이다.

진통효능이 뛰어나기도 하지만 약효가 빨라 '조복모효朝服暮效'라고도 한다. 조복모효는 아침에 복용하면 저녁에 효과가 난다는 뜻이다. 위령선이라는 이름 자체가 그런 의미를 담고 있는 말이기도 하다. '위'는 위력이 있고 맹렬하다는 뜻이고 '령선'은 그 효능이 신통하게 빠른 것을 뜻한다.

《본초강목》에 위령선의 신통한 효능에 대한 이야기가 하나 나온다. 특이하게도 우리 신라 스님이 등장한다. 당나라 때 숭양자라는 도사가 쓴 《위령선전》에서 옮긴 글이라 한다.

"일찍이 상주에 사는 어떤 사람이 수족이 마비되어 십수 년을 걷지를 못했는데 뭇 의원들이 손을 대도 도무지 차도가 없었다. 백약이 무효하자 처와 함께 큰길 바닥에 나앉아서 행인들을 붙들고 병을 고칠 수 있는 방법을 찾았다. 어느 날 멀리 신라 땅에서 온 스님이 길을 지나가다 환자를 보았다. 그러고는 이 질환은 단 한 가지 약초만이 치료할 수 있는

데 이곳에도 자라는지 모르겠다고 하였다. 환자의 간청을 뿌리치지 못하고 스님이 산에 들어가 약초를 찾아 복용을 시켰더니 불과 수일 만에 걸을 수 있게 됐다. 그 약초가 바로 위령선이다."

《동의보감》은 위령선의 약성을 이렇게 적고 있다. "여러 가지 풍을 없앤다. 배 속에 쌓인 냉기와 오래된 덩어리, 흉격의 담음, 방광의 오래된 고름과 썩은 물을 제거한다. 입과 눈이 돌아간 구안와사, 풍습으로 인한 관절염, 허리와 무릎이 시리고 아픈 것 등을 고친다."

큰꽃으아리 뿌리
맛은 쓰고 성질은 따뜻하다. 풍습을 없애고 담을 삭이며 기를 잘 돌게 하여
경락이 막혀 생기는 통증을 멈추게 하며 마비된 수족을 낫게 한다.

반신불수, 구안와사에도 큰 효과

사실 나는 어린 시절 일찌감치 큰꽃으아리, 위령선을 본 적이 있다. 마을 뒷산 계곡 산길에서 넝쿨져 피어있는 이 꽃을 보는 순간 첫눈에 반하고 말았다. 꽃을 꺾어다 책 사이에 넣어 표본도 만들었지만 이름을 확인할 수 없어 안달을 냈다. 집에 있는 식물도감 책들을 아무리 뒤져도 이 꽃만은 나오지가 않았다. 요즘 같은 컬러 사진 도감이 아니고 다 손으로 그린 세밀화에 간단히 이름 정도만 표기된 도감들이었는데, 지금은 다 없어졌지만 그래도 생각나는 책들이 몇 권 있다. 우선 《학생조선식물도보》(1948년)는 이승만 정권 때 좌익으로 몰려 비운에 가신 한국 식물학의 선구자 장형두 씨가 저자다. 광주가 고향인데 열두 살의 이른 나이에 일본으로 건너가 도쿄원예학교라는 곳에서 식물학을 공부했다. 한동안 서울대 교수로 계시면서 이 《학생조선식물도보》를 펴냈다.

그는 우리나라 식물의 이름에 일본식 한자명을 배격하고 모두 고유의 토박이말을 찾아 썼다. 예를 들면 앵초를 '벚꽃봉', 복수초를 '눈색이꽃'이라 하고, 식물이라는 말도 '묻사리'로 표기했다. 당시 경찰에 의해 고문 치사를 당한 이분의 이른 죽음을 두고 한국 식물학계의 큰 손실로 여기는 분들이 적지 않다. 정태현 씨의 《한국식물도감》(1962년), 최기철·이영노 씨의 《학생식물도보》(1956년)도 있었다. 그 외에도 몇 가지 더 있었던 것 같다. 아버지의 서가에 있던 이 책들을 나는 무슨 그림책인 양 좋아했다. 그 시절 동네 주변 논둑에 매년 여름이면 어김없이 예쁜 꽃을 피우던

타래난초, 산둥성이 잔 눈을 헤치고 피어나던 샛노란 눈색이꽃 등을 알게 된 것이 이 도감들을 통해서다. 어쨌든 나는 그때엔 큰꽃으아리라는 꽃 이름을 찾는 데 실패했는데, 20대 무렵엔 이름을 알고 있었던 걸 보면 어떤 경로로 알게 된 건지가 궁금해지기도 한다.

다시 큰꽃으아리의 약효 이야기로 돌아가면, 위령선은 각종 관절염뿐 아니라 신경통과 척수염 등에도 뛰어난 효과가 있다. 타박상이나 골절의 후유증으로 부기가 심하고 아픈 외과증상은 물론, 중풍으로 인한 반신불수나 구안와사 같은 질환에도 효과가 뛰어나다. 또 편도선염이나 후두염 같은 인후질환에도 잘 듣는다. 이때는 전초를 채취해 생즙을 내서 먹는다. 그 밖에 이뇨작용을 해 소변이 잘 안 나오는 것을 낫게 하며 외음부염이나 질염, 습진 등에 좌욕제로 써도 좋다.

위령선의 인상적인 효능 하나는 평활근의 경련을 이완시키는 작용이다. 목에 생선가시와 같은 이물이 걸려 안 나올 때 위령선을 6~12g 정도 달여 먹으면 곧 효과를 본다. 전통적으로 이런 효능을 굳어지고 딱딱해진 것을 풀어낸다는 뜻으로 연견산결軟堅散結이라고 한다. 다량을 적절히 쓰면 배 속에 뭉쳐있는 단단한 종괴나 어혈을 잘 풀어낸다.

항바이러스·항염증 효능의 아네모닌

주요 성분은 아네모닌anemonin과 사포닌, 아미노산, 페놀류 등이다. 아네모닌은 프로토아네모닌protoanemonin이 변한 것으로 동의나물이나 미나리아재비, 할미꽃, 개구리자리(구룡초) 같은 미나리아재빗과 식물에 널리 들어있는 성분이다. 자극성이 강한 휘발성 유독 성분인 프로토아네모닌은 민간요법으로도 많이 활용된다. 개구리자리나 미나리아재비의 즙을 내 피부 점막을 자극하는 방법으로 오래된 구안와사를 치료한다.

프로토아네모닌은 상온에서 산소와 결합해 아네모닌으로 바뀌는데, 이 아네모닌이 중추신경계통을 자극해 진통효과를 낸다. 또 세균이나 바이러스, 비정상적인 체세포 등을 먹어치우는 면역세포인 대식세포계의 기능을 높여 항바이러스·항염증 작용을 한다. 그러나 아네모닌은 피부에 염증을 일으키고 세포를 괴사시키기도 하므로 다량을 복용하면 위장관의 출혈을 초래하기도 한다. 그래서 옛 본초서에서도 "위령선을 오래 복용하면 기혈을 손상시킬 수 있어서 몸이 허약한 자는 복용을 신중히 해야 하고, 용량을 과다하게 쓰면 안 된다"라고 적고 있어 주의할 필요가 있겠다.

최근엔 위령선 추출물이 혈당을 떨어뜨리고 인슐린 수용체의 합성을 증가시켜 당뇨를 억제한다는 연구도 나왔다. 당뇨병을 치료하는 약이 될 가능성도 점쳐지고 있는 것이다. 간혹 같은 으아리속인 사위질빵을 위령선이라고 하는 이들도 있는데 이뇨나 소염작용은 위령선과 유사하나 진통작용이 크게 떨어진다. 사위질빵과는 종이 다른 가는잎사위질빵을 위령선으로 쓴 걸 잘못 알아 벌어지는 일인 듯하다. 전통적으로도 사위질빵을 위령선으로 쓴 바가 없다.

산기슭이나 민가의 울타리에 흔히 보이는 덩굴식물인 사위질빵은 약초명이 여위女萎다. '사위가 지는 지게의 질빵(지게 끈)'을 뜻하는 이름의 유래가 재미있다. 사위 사랑이 지극했던 장모가 미운 남편은 칡넝쿨을 질빵으로 써서 지게에 짐을 많이 짊어지게 했고, 예쁜 사위는 줄기가 약해 잘 끊어지는 사위질빵으로 묶어서 짐을 덜 지게 했다는 이야기다.

3

가을

가을 산은 참으로 아름답다. 붉게 물들어가는 나뭇잎들과 이름 모를 소담한 열매들. 그저 지켜보는 것만으로도 아이들처럼 마음이 즐겁다.

여느 등산객들처럼 죽자고 산자락만 오르던 예전과 달리 약초산행을 하면서 알게 된 숲의 비밀이 하나 생겼다.

푸른 숲은 아는 이에게만 그 숨겨진 문을 마법처럼 열어주는, '약초 천국', 이라는 것. 취미 삼아 풀이름도 알아보고야 생활도 좀 보자는 늦가을의 산행길이 충만감으로 뿌듯해온다.

마음을 채우는 가을 약초 산행

어지간한 산이면 등산길 초입에서 흔히 보이는 풀들. 관심이 없으면 거들떠보지도 않는 것들인데 다 약초다. 관절을 튼튼히 하고 어혈을 푸는 쇠무릎(우슬), 축농증과 비염에 쓰는 도꼬마리(창이자)가 보이더니 기미와 습진에 좋은 뱀도랒(사상자)도 씨앗이 여물어가고 있다. 꽃은 천연 해열제이고 줄기는 신경통과 담통에 효과가 큰 금은화(인동), 신장을 튼튼히 하는 기생식물 새삼(토사자), 부인병의 성약聖藥인 엉겅퀴(대계), 조뱅이(소계), 익모초도 눈에 띈다. 한창 꽃을 피우는 마타리(패장초), 뚜깔, 등골나물, 쉽싸리(택란), 산국, 이삭여뀌(금선초)도 쓰임새만 잘 알면 손색없는 약초다.

산속으로 좀 더 들어가 몸에 적당히 땀이 나기 시작하면 보이는 약초들이 있다. 뿌리를 씹으면 혀끝이 얼얼해오는 신경통약 족두리풀(세신), 위장병에 좋은 삽주(백출, 창출), 피로회복제인 둥굴레(옥죽), 푸른빛 꽃이 관상용

으로도 괜찮겠다 싶은 간장약 용담초 등이 그것이다. 계곡 주변의 산길에
선 출혈을 멎게 하는 데 쓰는 오이풀(지유), 중풍으로 수족을 못 쓸 때에 긴
요한 진교와 천남성, 사람의 키만큼 크게 자라는 두통약인 구릿대(백지)를
볼 수 있다. 관절통과 근육통에 쓰는 강호리(강활), 요통에 쓰는 어수리(독
활)도 보인다. 붉나무에 기생해서 주렁주렁 달라붙은 오배자, 참나무 기생
식물인 겨우살이, 자극성이 강한 향신료 산초열매, 뼈에 좋다는 딱총나무,
야생 오가피도 눈길을 사로잡는다.

'여기는 숲속 약초 천국'

이번 산행의 목적지는 강원도 정선의 깊은 산골이다. 멸종 위기종인 솔
나리를 보는 것이 가장 중요하다. 나머지는 모두 덤이다. 도착 지점에서
일행은 잠시 회포를 풀고 계곡을 따라 산을 올랐다. 숲길 여기저기에 기
관지에 좋은 바디나물이 보라색 꽃을 피우고 있고 주홍색 동자꽃도 아름
답다. 국화과의 절굿대도 둥근 공 모양의 꽃을 피웠다. 절굿대 뿌리의 생
약명은 '누로'다. 열을 내리고 젖이 안 나올 때 주로 쓴다. 꽃은 추골풍이
라 한다. 피를 잘 돌게 하는 약이다. 어린잎은 나물로도 먹는다.

박새(여로)도 흰 꽃을 활짝 열었다. 관상용으로 심어도 손색이 없어 보
인다. 하지만 그 뿌리를 잘못 먹었다간 입에 거품을 물고 쓰러질 수 있는
독초다. 옛날에 사약을 만들 때 천남성, 초오 등의 독초를 함께 넣었다. 그

독성을 잘 활용하면 중풍, 황달, 종창 등의 치료약이 된다. 살충제의 재료로 쓰이기도 한다. 최근에는 뿌리에서 멜라닌 생성과 관련되는 효소인 티로시나아제의 활성을 막는 효과가 있는 것으로 밝혀져 엉뚱하게도 피부 미백 화장품 원료로서 눈길을 받고 있다.

밭이 푹신할 정도로 토질이 좋아서 산삼이 꽤 나온다는 산인데 아직까지 일행은 운이 없다. 병조희풀 군락과 능선 뒤편의 참당귀 군락을 지나쳐 드디어 수줍게 분홍빛 꽃을 피운 솔나리와 만났다. 이파리가 솔잎을 닮았다고 해서 솔나리라 불리는 이 풀은 개체 수가 해마다 줄어들어 멸종 위기 2급 식물로 지정됐다. 강원도의 깊은 산속에서 주로 자란다. 한약명

박새   절굿대

은 백합이다. 폐를 윤택하게 하고 기침을 그치게 하는 효능이 있다. 그래서 해수, 기침, 폐결핵, 각혈 등에 사용한다. 구황기엔 구근을 캐 식용하기도 했다. 모두들 연분홍의 그 소박한 아름다움을 카메라에 담느라 몰아지경이다.

솔나리를 뒤로하고 진교와 잔대(사삼)꽃도 신물 나게 찍고 뱀차즈기 군락지를 지나서 산길을 헤매다 보니 속단과 민백미꽃 군락지가 펼쳐진다. 5~7월에 흰 꽃이 피는 민백미꽃은 이제 열매를 달고 있다. 뿌리가 국수다발처럼 가늘고 희다 해서 '백미'라는 이름이 붙었다. 두통, 관절염, 임병, 신장염, 부종 등에 쓴다. 청열작용이 강하므로 병증을 잘 파악해 써야 한

솔나리

다. 어린잎은 강장제로 효능이 있어서 나물로 무쳐 먹기도 하는데 독성이 있어 충분히 우려서 데친다. 아, 지치와 시호도 있다. 일행 중 누군가가 결국 감흥을 이기지 못하고 이 산의 일급비밀을 발설하고 만다.

"여기는 푸른 숲, 약초 천국이다."

지치는 한약명이 자초紫草다. 볼품없는 흰색의 조그만 꽃이 핀다. 그러나 뿌리는 다르다. 그 뿌리가 자줏빛에 가까운 붉은색을 띠어서 자초라고 부른다. 또는 지초라고도 한다. 뿌리에서 자주색 염료를 얻기 때문에 전통적으로 우리 생활과 친숙하다. 진도의 유명한 홍주도 이 지치의 뿌리를

지초
뿌리는 굵고 자주색이며 땅속으로 깊이 들어간다. 주로 건위, 강장, 황달, 해독, 해열, 청열, 화상 등의 약재로 쓰인다. 또한 여성의 냉증과 생리불순 등에도 쓰인다.

재료로 해서 빚은 술이다. 예전에는 들에서도 흔히 볼 수 있었다는데 요즘은 깊은 산속이 아니면 찾아보기 힘들 정도로 귀해졌다.

석회암층의 약초, 지치와 시호

수십 년 동안 약초를 캐며 살아온 약초꾼들이나 시골 노인들 중에는 팔뚝만 한 지치 뿌리를 캐 먹고 고질병이나 난치병을 고쳤다는 애기를 하는 이들이 있다. 혹자는 암 치료의 성약이라고 하기도 한다. 그 효과가 산삼보다도 낫다는 설도 있다. 약성이 빼어나다는 말이겠다. 예전엔 홍역이 유행할 때 해열제로도 썼다. 피부에 습진이나 반진 등이 생겨 발열이나 혈열이 있을 때 효과가 크다. 부스럼이나 종기가 났을 때나 태독(아토피), 건선, 백납 등에도 쓴다. 면역을 억제시키는 물질인 시코닌 등을 함유하고 있어 면역기능이 항진되어 일어나는 건선이나 관절염, 담마진, 자반증 등에 두드러진 효과를 보인다. 화농성 염증에도 효과가 탁월하다.

하지만 밝음이 있으면 어둠이 있는 법. 지치는 혈액응고 효과가 있어 혈전의 형성이 문제가 되는 질환인 관상동맥경화나 뇌경색에는 위험할 수 있다. 갑상샘 기능항진을 초래할 수 있다는 이야기도 있다.

시호는 독감으로 발열과 오한이 교대로 일어나는 증상, 유행성 열병으로 안팎의 열이 풀리지 않을 때 주로 쓴다. 학질에도 썼다. 이담작용이 강하고 독성은 약하다. 시호 뿌리에 들어있는 시호 사포닌은 만성 신장염이나 간염에 뛰어난 효과가 있는 것으로 밝혀지기도 했다. 산형과의 식물로 우산살이 펼쳐진 것 같은 노란색 꽃이 핀다. 줄기는 푸르고 자줏빛이 나며 잎은 댓잎 같다. 지치와 시호는 모두 석회암층에서 잘 자란다. 이곳이 석회암지대에 속하는 모양이다.

내려오는 길에 반하와 땃두릅, 둥근이질풀, 마타리도 촬영하고 일정을 마감했다. 산에서 내려온 일행은 능이버섯과 좀싸리버섯, 표고버섯으로 도시에선 구경할 수 없는 특별한 맛의 수제비를 끓였다. 행복감이 밀려온다. 드디어 점잖은 누군가도 참을 수 없어 한마디 내뱉는다. "수제비 끓인 아무개님은 능이 수제비 집 꼭 개업하세요." 아무개님의 말이다. "참나, 이런 재료를 아무 데서나 구한대요?"

위장병을 물리치는 산중재상, 도홍경의 삽주

'이운怡雲'이라는 말이 있다. '구름을 즐긴다'는 뜻이다. 중국 남조의 제·양나라 때 유명한 도사이자 의가인 도홍경이 제나라 고제의 부름을 받았다. "산중에 무엇이 있기에 그대는 미련을 두고 조정으로 돌아오지 않는가?"

도홍경은 이렇게 답시를 썼다. 이 시에서 이운이란 말이 나왔다.

산중에 무엇이 있느냐고요? 山中何所有

산마루에 흰 구름이 많지요. 嶺上多白雲

다만 홀로 즐길 뿐이지 只可自怡悅

그대에게 가져다줄 순 없습니다. 不堪持贈君

아무 근심걱정 없이 자연을 벗하며 사는 은자隱者의 소요로운 경지. '이
운'이 담고 있는 뜻이다. 그러나 '구름을 즐긴다'라는 게 말처럼 쉬운 일
은 아니다. 번뇌와 탐욕으로 물든 의식을 가지고 될 일이 아니다. 시쳇말
로 입에 풀칠하기 바빠 마음 편히 하늘의 구름을 쳐다본 적이 한 번이라
도 있었던가.

모산茅山의 도사 도홍경은 일찌감치 '이운'의 삶을 꿈꾸었다. 40세가 되
자 그는 제나라의 꽤 높은 관직을 내팽개치고 식솔을 끌고 강소성 모산의
산속으로 들어갔다. '영명永明의 치治'로 이름 높은 제나라 무제가 그를 못
잊어 모산에 여러 번 사람을 보냈지만 응하지 않았다. 후에 양나라의 무
제도 그에게 하산해 국정을 보필하기를 권했다. 도홍경은 한 폭의 그림을
무제에게 보냈다. 무제가 그림을 펼쳐보니 물소 두 마리가 그려져있었다.
소 한 마리는 청산녹수 사이에서 자유롭게 풀을 뜯고 있고, 다른 한 마리
는 금으로 된 멍에를 쓰고 힘들어했다. 무제는 이를 보고 더는 하산을 권
하지 않았다. 다만 국가에 중대한 일이 생기면 사람을 보내 그에게 자문
했다. 이런 이유로 사람들이 그를 '산중재상'이라 불렀다.

선학이 천 년을 지킨 약초

도교 모산종의 창시자인 도홍경은 모산의 산중에서 유·불·도 삼교를
겸수兼修하면서, 도교의 외단술과 양생술에 대해 깊이 연구했다. 갈홍 이

당신 곁의 약이 되는 27가지 풀과 나무

후 가장 뛰어난 연단가로 알려지는 그는 의학에도 정통하여 《본초경집주》, 《명의별록》 등을 남겼다.

그의 《본초경집주》는 처음으로 약초의 분류체계를 세워 오늘날까지 줄곧 인용된다. 도홍경이 은거한 모산은 도교 모산파의 성지이기도 하지만, 모산 삽주[茅蒼朮]라는 약초의 산지로도 유명한 곳이다. 삽주는 중국에서는 출朮이라고 하는데, 국화과의 식물로 우리나라에서도 전국의 야산에서 흔히 찾아볼 수 있는 약초다. 그러나 우리나라 삽주는 중국의 그것과 종이 좀 다르다. 어쨌든 수년 전 사스가 유행일 때 중국 당국에서 이 삽주를 활용한 처방들을 사스 예방 및 치료약으로 내놓아 한동안 중국에서 품귀 현상을 빚기도 했다.

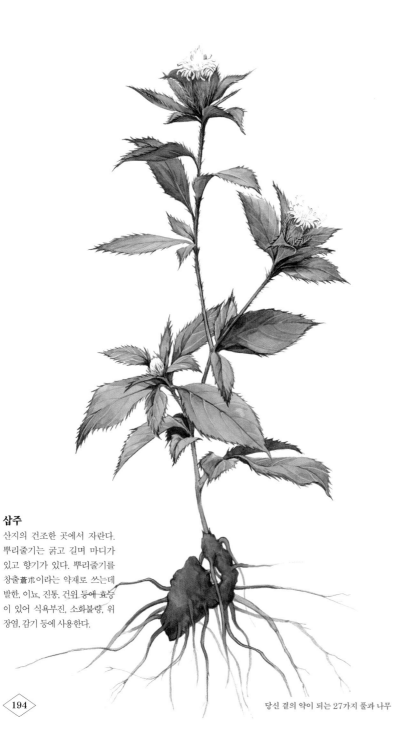

삽주

산지의 건조한 곳에서 자란다.
뿌리줄기는 굵고 길며 마디가
있고 향기가 있다. 뿌리줄기를
창출蒼朮이라는 약재로 쓰는데
발한, 이뇨, 진통, 건위 등에 효능
이 있어 식욕부진, 소화불량, 위
장염, 감기 등에 사용한다.

삽주는 위와 장을 튼튼히 하는 작용이 뛰어나 장기능이 허약한 이에겐 최고의 영약이라 할 수 있다. 위장의 찬 기운과 담음을 몰아내 밥맛이 좋아지고 몸이 가벼워지게 한다. 또 관절이나 체내의 풍습을 치료한다. 그래서 식욕부진, 복부창만*, 오심, 구토, 설사를 비롯해 몸이 무겁고 나른한 증상에 쓰인다. 관절에 물이 차는 삼출성 류머티즘과 수족 저림, 관절통, 부종 등을 치료하며, 습사가 심한 유행성 질병과 감기 등에도 많이 사용된다.

동아시아 최고最古의 본초서 《신농본초경》은 삽주에 대해 "맛이 달고 쓰며 따뜻하다. 독이 없다. 풍한습으로 인한 수족이 저리고 아픈 증상을 치료한다. 몸이 뻣뻣해지는 증상과 악성 종기와 피부병을 다스린다. 또한 땀을 그치게 하고 열을 제거하며, 음식을 잘 소화시키도록 한다. 오래 먹으면 몸이 가벼워지고 배고픔을 잊게 된다. 일명 '산계山薊'라 한다"라고 적고 있다. 이 삽주는 흔히 창출蒼朮과 백출白朮 두 종류로 나뉜다. 그런데 도홍경 이전에는 구분이 없이 그냥 출로 통용됐다. 북송 때의 구종석은 "《상한고방》과 《신농본초경》에는 출이라고만 했지 창출과 백출로 나누지 않았다. 그런데 도은거(隱居, 도홍경의 호)가 출에 두 가지가 있다고 해 그 후 창, 백의 두 종으로 나뉘었다"라고 쓰고 있다.

---

* **복부창만** 腹部脹滿
   배가 더부룩하면서 그득한 증상

적출과 백출의 차이

　도홍경은 단면이 붉은색을 띠는 모산 삽주를 주의 깊게 관찰해 이를 적출赤朮이라고 명명했다. 그는 또 잎의 생김새와 뿌리줄기의 맛, 약성 등의 차이를 소상히 기술했다. 그 내용을 보면 적출은 잎이 작고 백출은 잎이 크다, 또 적출은 잎자루가 없는 데 반해, 백출은 잎자루가 있고 털이 있다, 뿌리는 적출이 조금 쓴맛이 나며 기름(정유 성분)이 많은데, 백출은 맛이 달고 기름이 적다 등이다. 도홍경은 약재의 생산지와 채집시기, 채집방법과 약물의 감별법, 제련과정 등에 대해서도 독자적인 견해를 덧붙였다.

　도홍경이 모산 삽주의 특징을 살려 이름 지은 적출은 어느 틈에 이름이 바뀌어 송나라 이후에는 의가들이 모두 창출로 표기하게 된다. 오늘날 중국 약전에선 창출을 모茅창출과 북北창출로 나누는데, 이 모창출이 바로 모산의 삽주를 가리킨다. 북창출은 만주삽주로 불리며 모창출과는 잎의 생김새나 뿌리의 기미가 조금 차이가 난다.

　요즘의 식물명으로 '가는잎삽주'라고 하는 모창출은 남南창출이라고도 하며 유감스럽지만 우리나라에선 나지 않는다. 북창출도 찾아보기 어렵다. 국내에서 자생하는 삽주는 일본의 관동지방에서 많이 나는 관關창출의 일종인데, 중국에서는 약전에 수록하지 않은 식물이다. 약재로도 인정하지 않고 있지만 한국과 일본에서 약재로 쓰기 때문에 수출용으로 재배되고 있다. 그래서 도홍경이 "동경출東境朮은 크지만 매운맛이 없어 쓰지 않는다"라고 한 것이 관창출, 곧 우리가 쓰는 삽주를 가리키는 것 아닌가

하는 견해도 있다. 중국의 창출을 구하기 어려운 우리나라는 오랫동안 이를 창출로 써왔다.

　도홍경이 《본초경집주》를 써 6세기까지의 동아시아 본초학을 집대성했다면, 이시진은 《본초강목》으로 16세기까지의 본초학의 정화를 집대성한 약성藥聖이라고 할 수 있다. 도홍경이 모산에서 삽주를 찾은 뒤 거의 천 년이 지난 후의 일이다. 모산 삽주와 관련해 이시진의 이야기가 하나 전해온다.

　모산의 도관을 참배하고 이 산에서 약초를 캐던 이시진은 바위틈에서 자라는 큰 삽주를 보았다. 향기가 멀리까지 코를 찔렀고 신령한 기운이 감돌았다. 삽주가 자라는 바위의 생김새도 한 마리 학과 같았다. 그는 바위를 타고 올라가 삽주 뿌리를 캤다. 괭이질을 하는 도중 조그만 돌이 하나 떨어져 나왔는데, 그곳에서 난데없이 피가 일곱 방울 뚝뚝 떨어졌다. 놀란 이시진이 뒤로 물러서자 펑하는 소리와 함께 바위가 학으로 변하여 하늘 높이 날아갔다. 삽주 뿌리를 캐서 보니 쪼개진 면에 신기하게도 핏빛 반점이 일곱 개가 있었다.

　신선이 되어 우화등선했다는 도홍경의 유지가 있어 선학이 천 년 동안 이시진을 기다리고 있었던 것이었을까. 어쨌든 모창출은 단면에 적색의 반점이 일곱 개가 있으며 선학이 지키는 신성한 약초여서 다른 곳의 삽주보다 약효가 월등한 것으로 알려진다. 여담이지만 도홍경은 85세에 승천해 신선들이 사는 봉래도로 갔다고 한다. 고서시告逝詩 한 수를 쓴 후 하늘로 올라갔는데, 지상에 남아있는 몸에서 수일 동안 향기가 진동했고 구름과 연기가 모산의 온 산천에 자욱했다고 전한다.

음벽을 치료하는 위장병의 특효약

판소리 〈흥보가〉를 듣다 보면 '남양초당 경 좋은데 만고지사 와룡단' 이란 말이 나온다. 만고지사는 《삼국지》에 나오는 촉의 제갈공명을 가리 킨다. 제갈량이 출사하기 전 초려를 짓고 살았던 곳이 하남성 남양현이 라고 한다. 이 무렵의 일인 듯하다. 갈홍의 《포박자》에 전하는 얘기가 하 나 있다.

전쟁과 기근으로 사람들의 삶이 피폐하기 짝이 없었던 한나라 말 하남 성 남양현에서 문씨 성을 가진 여자가 난리를 피해 호산壺山 산속으로 도 망을 갔다. 산중에서 길을 잃고 헤매다 굶주림으로 다 죽게 되었는데 한 노인을 만났다. 노인은 그녀의 모습을 보고 삽주를 캐 먹으라고 일러줬다. 그녀가 삽주의 뿌리를 캐 먹자 배고픔이 없어지고 점점 몸에 기력이 나기 시작했다. 그렇게 삽주를 캐 먹으며 산속에서 10여 년을 살다 고향을 찾 아 돌아갔다. 그런데 사람들이 그녀를 보고 모두 놀라워했다. 문 씨의 안 색은 마치 앳된 아가씨 같았고 기력도 젊은 남자 못지않았다. 문 씨의 얘 기가 사람들 사이에 전해져 남양현 인근에선 삽주가 신약으로 알려지게 됐다.

당신 곁의 약이 되는 27가지 풀과 나무

삽주 뿌리
위장질환, 소화불량에 많이 사용
되며, 아트락틸론 성분에 의해 소
화촉진 및 진정작용이 있다.

이 남양현에 진자황이라는 이가 있었는데 그의 부인 강 씨가 문득 병에 걸렸다. 식욕이 고르지 못하고 얼굴빛이 누렇고 몸이 무거워져 침대에서 일어나질 못했다. 진자황은 사방에서 의원을 청해 치료했으나 효과가 없었다. 어느 날 그는 문 씨의 이야기를 듣고 삽주를 캐다 처에게 복용을 시켰다. 그랬더니 강 씨의 병이 나은 것은 물론 안색과 기력이 20대와 같이 됐다.

북송 때의 한림학사이자 의가인 허숙미의 《보제본사방》에는 이런 얘기가 나온다. 허숙미 본인이 음벽飮癖이라는 병을 앓은 지 30년이 되었다. 음벽은 소화기질환으로, 명치가 더부룩하고 식욕이 없으며 음식을 먹지 않아도 배가 차있는 것 같고 신물을 토하기도 하는 증상이다. 병이 깊어지면서 희한하게 여름이 되면 몸의 한쪽은 땀이 나지 않고 다른 한쪽은 땀이 났다.

소싯적부터 그는 매일 시를 읊고 문장을 짓는 데 시간을 보내느라 몸을 돌보지 못했다. 건강했던 몸이 점차 쇠약해지고 식욕도 부진해졌다. 독한 약을 써도 큰 효과가 나질 않아 모든 약을 물리치고는 다만 삽주를 가루 내어 대추살과 섞어 환으로 만들어서 하루 세 번씩 3개월을 복용했다. 그랬더니 음벽이 나아 배가 아프고 구토하던 증상이 다 없어졌고 답답하던 흉격이 편해지고 식욕이 살아났으며 땀도 정상이 되었다. 시력도 좋아져 등불 아래서 조그만 글씨도 쓸 수 있었다. 모두 삽주의 뛰어난 효과를 엿볼 수 있는 이야기들이다.

본초학에서 방향화습약으로 분류하는 삽주는 건위제로 소화불량증에 널리 쓰지만 신장기능이 약해져 소변양이 적을 때, 위염이 있거나 몸이 붓고 어지럼이 있을 때, 습사로 인해 온몸이 아플 때도 쓴다. 아트락틸론 atractylonen이라는 정유 성분이 있어서 진정작용과 방향성 건위작용을 한다. 비타민A 및 비타민D도 함유되어있어 야맹증에도 효과가 있다. 항암작용도 있어서 중국에서는 폐암과 위암에 효과를 보았다는 보고가 있고 우리나라에서도 민간에서 위암에 좋은 효과를 보았다는 사례가 꽤 있다.

최근 국내에선 삽주 추출물이 비듬을 예방하고 치료하는 효능이 있고 치주질환과 치은염에도 효과가 있음이 밝혀졌다. 피부미백을 위한 식이 섭취물로 연구되기도 하고 또 삽주에 쑥과 안식향을 가미해 멸균 향으로 이용하려는 시도도 나오고 있다.

7월경부터 9월 사이에 흰 꽃이 피는 삽주는 국화과 꽃답게 향기도 좋다. 겨울이나 초봄에 잎이 떨어지고 줄기가 남아있을 때 캔다. 우리나라 삽주는 섬유질이 많은 모근, 수삽주를 창출로 쓰고 전분이 많은 덩이진 어린 뿌리줄기, 암삽주를 백출로 쓴다. 이 삽주를 캐며 모산 산중의 구름 보기를 즐겼던 도홍경의 '이운'을 그리워한다.

난치병에 특효, 천덕꾸러기 하눌타리

시골집에 들렀더니 돌담에 하눌타리 열매들이 주렁주렁 매달렸다. 더러는 노랗게 익은 것이 태깔만큼은 어느 과일 못지않게 그럴듯하다. 아쉽게도 식용할 수 없는 열매여서 민간에선 '개수박', '쥐참외'라고 부른다. 겉모양새는 그럴듯한데 실속이 없다는 뜻인 '빛깔만 좋은 하눌타리'라는 속담도 있는 게 사뭇 천덕꾸러기다.

하눌타리는 시골 마을 돌담장을 담쟁이덩굴처럼 무성하게 덮고서 여름 내내 소박한 흰 꽃을 피워낸다. 우리나라 중부 이남의 산야나 인가 주변에서 쉽게 볼 수 있는 식물이다. 덩굴손이 있어 호박이나 오이처럼 큰 나무나 담장 울타리 등에 잘 달라붙어 높은 꼭대기까지 뻗어 올라간다. 이로 인해 '하늘타리' 또는 '하눌타리'라는 이름이 유래되었다고 한다. 그런데 중국에서 과루瓜蔞를 '천원자天圓子'라고도 해 이를 번역한 것이 하눌타리가 됐다는 말도 있다.

박과(호로과)의 식물로 꽃도 박꽃처럼 밤에 피어서 아침까진 실타래를 푼 듯 여러 갈래로 갈라진 꽃을 피우다가 낮이 되면 오므라든다. 7~8월에 수꽃과 암꽃이 같은 줄기 마디에 달린다. 암꽃은 꽃만 있는 수꽃과 달리 둥근 씨방이 달려있는데, 수꽃의 화분을 받아들이면 꽃이 떨어지고 씨방이 커지기 시작한다.

빛깔은 탐스럽지만 식용할 수 없는 열매

하눌타리에 관한 옛이야기가 있다. 중국 양쯔강 하류에 동굴이 많은 큰 산이 하나 있는데, 수목이 울창하고 안개와 구름이 자욱하게 산꼭대기를 덮고 있어서 신선들이 사는 산으로 여겨졌다. 여느 날처럼 이 산에서 나무를 하던 나무꾼이 목도 마르고 피로해 나무 그늘 아래 누웠다가 설핏 잠이 들었다. 그런데 잠결에 웬 사람 소리가 났다. 비몽사몽 중에 맞은편 나무 그늘에서 바둑을 두는 두 노인의 모습이 눈에 들어왔다. 나무꾼은 혹시 저들이 신선이 아닐까 생각하며 그들의 이야기를 엿들었다.

한 노인이 "우리 동굴에 올해 황금박이 두 개나 열렸네" 하고 말하자 다른 노인이 '쉿!' 하며 "건너편에 나무꾼이 자고 있는데 다 듣겠네"라고 주의를 줬다. "듣는다고 해도 뭘 걱정하나. 동굴 안으로 들어가지도 못할 텐데." "그렇지. 칠석날 정오에 동굴 앞에 서서 '하늘 문 열려라, 땅 문 열려라, 황금박의 주인이 들어간다' 하고 주문을 외워야 동굴 문이 열리지."

나무꾼은 그 이야기를 듣다 잠을 깼다. 사방을 두리번거렸지만 방금 봤던 노인들의 모습은 온데간데없었다. 꿈치곤 너무도 생생해 나무꾼은 꿈속에서 들은 대로 해보기로 마음먹었다. 칠석날이 되어 나무꾼은 산으로 올라가 동굴 앞에서 주문을 외웠다. 돌문을 열고 동굴 안으로 들어가니 하늘로 뻗은 나무덩굴에 금빛 찬란한 박 두 개가 매달려있었다. 흥분한 나무꾼은 진귀한 보물일 것이라고 생각하고 이를 따 들고는 한달음에 산을 내려왔다. 그러나 집에 와서 정신을 차리고 보니 손에 든 것은 보물은커녕 식용도 할 수 없는 쓸모없는 열매였다.

나무꾼은 크게 실망해 이를 마당에 내던져버렸다. 며칠 뒤 다시 그 동굴 가까이 나무를 하러 갔다가 누워서 쉬고 있는데 또 그 노인들이 나타났다. 노인들은 황금박을 쓸모없다고 생각하지만 용도를 알면 황금보다 더 귀한 약재라고 했다. 그 열매를 달여 먹으면 낫기 어려운 폐의 병을 고치고 열을 내리는 천하의 명약이라는 것이었다. 나무꾼은 내던져버린 황금박을 찾아 정성스럽게 그 씨를 땅에 심었다.

이듬해 가을 주렁주렁 황금박이 열렸다. 마침 그해 기침과 가래가 끓고 숨결이 가빠지는 환자와 폐병 환자가 많았다. 나무꾼은 황금박 열매를 달여 환자들에게 주었는데 모두 병이 나았다. 주변에 이 신기한 약의 이름을 물어봤지만 아는 이가 없었다. 그 후 이 약재의 덩굴이 나무나 울타리를 타고 올라가 높은 누각 같은 곳에서 참외 같은 열매를 연다 하여 '과루'라고 부르게 됐다. 과루는 '괄루', '과라'라고도 하는데 이외에도 다른 이름이 많다.

개수박, 쥐참외로 불리는 하눌타리

장마가 끝나고 오곡이 익는 가을이 오면 하눌타리는 시든 잎들 사이로 황금색의 빛깔 좋은 열매를 내보인다. 이 열매를 과루실이라고 한다. 머루를 닮은 개머루나 다래를 닮은 개다래처럼 과루실도 수박이나 참외를 닮았지만 식용할 수 없는, 빛깔만 좋은 개살구다. 기침이나 해수에 좋다고 서너 개 따다 말려두는 이들이 간혹 있을 뿐 다들 하찮게 여긴다. 겨울에 먹을 게

하늘타리

여러해살이 덩굴 초본으로 가늘
고 길게 뻗으며, 꽃은 저녁에 피
었다가 다음 날 아침에 시들기
시작한다. 15세기 초 이후로 역사
적 기록물에서 꾸준히 기록되는
자원식물이다. 하늘타리에서 얻
어지는 트리코산틴 trichosanthin
이란 화학물질이 HIV(에이즈)를
억제한다는 사실이 소개된 바가
있다.

당신 곁의 약이 되는 27가지 풀과 나무

없는 새들이나 쪼아 먹도록 내버려둔다. 하지만 하눌타리를 이렇게 개살구 취급하는 것은 몰라도 너무 모르는 소치다. 열매와 뿌리, 잎까지 현대의학으로도 안 되는 난치병을 치료하는 데 없어서는 안 될 귀중한 약재다.

한의학에 '십중구담十中九痰'이라는 말이 있다. 열 가지 병 중 아홉 가지가 담병痰病이라는 뜻이다. 흔히들 신체의 어느 부위에 심한 근육통이 왔을 때 담이 결린다고 하거나 눈 아랫부분이 거무스레해지는 증세인 다크서클이 있으면 담이 많다고 한다. 탁한 가래가 많이 섞인 침을 뱉을 때도 담이 성하다는 말을 쓴다. 이 정도가 우리가 일상적으로 쓰는 담의 용례. 심장 부위가 아프면서 등짝이 쩍 벌어질 듯한 증상이나 명치끝이 답답해지고 툭하면 체하거나 속이 메스껍고 토하고 위와 장이 굳어져 온몸이 아픈

것, 머리가 어지러워 갑자기 혼절하는 증상도 담 때문이라고 할 수 있다. 담이란 단어가 붙은 한의학적 질병 명칭은 수십 가지가 넘는다. 그러나 담이란 말은 서양의학에는 없는 개념이다. 그래서 현대인은 잘 이해하지 못한다.

하눌타리는 이 담을 치료하는 약재의 하나다. 그런데 과거에도 이 하눌타리가 어떤 병에 쓰이는

지를 아는 사람이 많지 않았던 듯하다. 조선 중기의 실학자 홍만종의 《순오지》에 실린 이야기다. 담병에 걸려 눕지도 앉지도 못하고 고생하던 어떤 이가 이 하눌타리를 따다 그냥 벽에 걸어두고만 있었다. 어느 날 그 집에 놀러 왔던 사람이 보고 말했다. "당신은 담을 앓으면서 왜 저 하눌타리를 안 쓰고 걸어놓기만 하고 있는 거요?" 그제야 병자가 화들짝 놀라며 "아니, 저게 담을 치료하는 데 좋다는 거요?" 하고 반문했다. 여기서 '언제 쓰자는 하눌타리냐?', '어디에 쓰자는 하눌타리냐?'라는 속담이 생겨났다고 한다. 기침이나 해수에 좀 쓸 요량으로 걸어두었지만 담으로 인해 생긴 흉비胸痺와 결흉結胸 같은 어려운 병증을 고치는 약인지는 몰랐던 모양이다.

《명의별록》이나 《동의보감》 등 옛 의서에 나오는 하눌타리의 효능은 다음과 같다. "흉비를 낫게 한다. 심과 폐를 윤택하게 하고 손발의 거친 주름을 없앤다. 피를 토하는 증상과 장풍사혈,* 숨이 차고 담이 있는 기침[痰喘]과 결흉을 낫게 한다."

담으로 인한 흉비에 큰 효과

흉비는 담음이나 어혈 등으로 인해 가슴이 그득하면서 얼굴이 붓거나 숨이 차고 아파서 반듯이 눕지 못하는 병이다. 가슴이 막히고 흉부의 통증

---

* **장풍사혈** 腸風瀉血
   항문으로 피를 쏟는 것으로 오래된 치질 등에서 많이 보이는 병증

당신 곁의 약이 되는 27가지 풀과 나무

이 심해져 등까지 통증이 뻗치는 증상을 동반한다. 이를 심통철배心痛徹背라고 한다.

《금궤요략》의 과루실을 이용한 처방을 보면 천식, 기침, 가래, 호흡촉박 등 증상과 함께 대부분 심통철배를 기술하고 있는데, 임상에서도 대부분 격렬한 통증 때문에 호흡할 때 가슴과 등이 빠개질 듯해 숨조차 쉬기 어렵다고 호소하는 경우가 많다. 일본에서는 이 흉비를 현대의학의 협심증이나 관상동맥성 심질환 또는 이와 유사한 병으로 생각하기도 한다. 나 역시 이런 증상을 치료해본 일이 꽤 있는데 이때 과루실을 꼭 쓴다. 물론 과루실 한 가지만 쓰는 것은 아니다. 증상에 따라 반하나 해백, 황련, 지실 등의 약재가 배합되는데 이때 과루실이 주된 역할을 한다. 과루실이 들어간 처방들은 그 효과가 너무 드라마틱해 하루 이틀 만에 병이 호전되는 경우가 많았다. 한약은 효과가 더디다는 속설과 달리 그 신속한 치료효과에 환자도 놀라고 의사도 놀란다.

결흉은 명치끝이 그득하니 아프고 가슴이 이유 없이 두근거리며 속이 쓰리고 신물이 오르기도 하며 상열감이 있는 증상이다. 예의 심통철배를 호소하는 경우가 많다. 사람에 따라선 가슴이 터질 듯이 답답하고, 계단을 오르거나 조금만 움직여도 숨이 차고 어지럽기도 하다. 정신적 스트레스가 끊이질 않고 식생활이 불규칙한 데다 외식이 잦은 현대인에게 흔한 증상이다. 양의학은 속 쓰리고 신물이 자주 오르는 증상을 보고 역류성 식도염 등으로 진단해 제산제와 진통소염제, 소화제 등을 쓰지만 증상이 재발하는 경우가 많다.

이 경우에도 과루실이 위력을 발휘한다. 담음이 변해 생긴 병이기 때문이다. 나의 환자 중 역류성 식도염 진단을 받고 오랫동안 양약을 먹었지만 호전과 재발을 되풀이하다 과루실과 황련, 반하가 든 처방으로 치료된 예가 적지 않다. 어떤 환자는 본태성 고혈압으로 수십 년 동안 양약을 복용하다 보니 조금만 움직여도 심장이 두근거리고 숨이 차올라서 일상생활을 하기 어려웠다. 늑골 부위가 심하게 딴딴하게 굳어있고 살짝 눌러도 통증이 심했다. 과루실이 들어간 위의 처방으로 그런 증상이 없어지고 몸이 몰라보게 좋아졌다.

약리적으로 보면 과루실의 주성분은 트리테르페노이드사포닌triterpenoid saponin이다. 이 성분은 폐암과 후두암, 복수암腹水癌, 육종 등의 암을 억제하는 항암효과가 인정된다. 씨앗인 과루인에도 있지만 열매의 껍질에 이 성분이 더 많이 들어있다고 한다. 어쨌든 이런 이유로도 씨앗만 쓰는 것보다 열매 전체를 쓰는 것이 바람직한데 그것도 잘 익은 숙과가 효과가 크다. 중국의 근대 명의 장산뢰도《본초정의》에서 "흉비를 치료하고 소종산결* 하는 데는 껍질과 씨가 다 있는 전 과루를 써야 한다. 그런데 덜 익은 것을 채취해 말려놓은 것은 보기에는 좋으나 약력이 약해 효과가 없으니 차라리 안 쓰는 것이 낫다"라고 하고 있다.

---

* **소종산결** 消腫散結
염증을 가라앉히고 맺힌 덩어리를 푼다는 뜻의 종양 치료법

소갈병의 성약, 하눌타리 뿌리

하눌타리 열매, 과루실만 약이 되는 게 아니다. 곡괭이질을 해 과루의 뿌리를 캐보면 무나 고구마처럼 생긴 길쭉한 덩이뿌리가 나오는데 이를 '과루근'이라 한다. '천화분天花粉'이라고도 부른다. 이 과루근은 한방에선 '소갈消渴의 성약'이라 부를 정도로 그 대접이 극진한 약이다. 소갈은 물을 많이 마시고 음식을 게걸스럽게 먹는데도 몸은 여위고 소변량은 많아지는 증상이다. 현대적으로는 당뇨병이나 요붕증*에 해당된다. 그러나 과루근에는 인슐린처럼 곧바로 혈당을 내리는 효과는 없는 것으로 알려진다. 그렇다면 어떻게 소갈을 치료한다는 걸까.

하기야 현대의학의 인슐린도 혈당을 조절할 뿐 당뇨를 치료하는 것은 아니다. 약물치료는 진즉에 포기했다. 안 되기 때문이다. 여담이지만 현대의학이 손든 것이 어디 당뇨뿐인가. 고혈압, 관절염, 비염, 아토피 등등 흔하디흔한 질환들조차 치료하는 흉

하눌타리 뿌리
당뇨병 치료제로 효능이 뛰어나서 갈증이 심하고 혈당이 높으며 수척한 증상에 긴요하게 쓰인다. 그리고 해수와 변비를 풀어주기도 한다.

* **요붕증** 尿崩症
  오줌이 지나치게 많이 나오는 병

내만 내고 있지 초저녁에 포기한 질환들이다.

과루근은 치료기전이 전혀 다르다. 체내의 열로 인해 진액이 소모되어 입이 마르는 증상에서 열을 내리고 진액을 보충해 갈증을 푼다. 당뇨로 인해 생기는 소갈증도 열로 인해 진액이 소모되어 나타나므로 이를 치료한다는 것이다. 소갈의 성약이라는 말을 견강부회해 당뇨병을 치료하는 약이라고 오해하면 안 된다. 어쨌든 물을 벌컥벌컥 마셔대는 다음多飮을 증상으로 하는 당뇨에 효과가 있다.

《동의보감》에는 "소갈로 열이 나고 가슴이 답답하면서 그득한 것과 장위에 오래된 열로 몸과 얼굴이 누렇고 입이 마르는 것을 치료한다"라고 했다. 또 "고름과 종독을 삭이며 유옹*과 치루를 고친다. 월경을 잘 통하게 하고 타박으로 인한 어혈을 푼다"라고 하고 있다. 과루근은 각종 화농성 질환, 유선염, 황달에 좋다. 그리고 임신 때 태반의 융모가 지나치게 증식해 마치 포도송이처럼 자궁 안에 가득 차는 포상기태나 자궁암 등에도 응용하면 효과가 있다. 육종과 복수암 세포를 억제하고 월경불순을 바로잡고 자궁의 건강을 돕는다.

전남이나 제주 등 남쪽지역에선 하눌타리의 등속식물인 노랑하눌타리가 많이 자란다. 열매가 약간 타원형인 것이 하눌타리와 다르다. 약으로 쓰는 데는 큰 차이가 없다.

---

* 유옹
유선염과 유방의 종양

검은 머리, 물광 피부,
노화를 막는 신선의 약 하수오

    중국 기환무협의 원조로 불리는《촉산기협전》은 기기묘묘한 법술과 신비한 비검술을 쓰는 아미산 도사들의 활약을 그린 동아시아의 판타지 소설이다. 1930년대 무명의 서생 이민수가 쓴 이 소설은 일약 당대의 독서계를 풍미해 낙양의 지가를 천정부지로 올렸다고 한다. 도불道佛의 전통적 세계관을 배경으로 꿈을 꾸듯 몰입시키는 환상의 세계가 얼마나 흥미로운지 톨킨의《반지의 제왕》같은 서구의 판타지는 내공이 적잖이 떨어진다 싶을 정도다.

    이 소설에는 도가의 내단술을 통해, 또는 선초 영약을 먹게 되는 기연으로 정신과 신체가 변화하는 이야기가 숱하게 나온다. 예를 들면 아미파의 주요 검선 중 하나인 영경이라는 여선女仙은 망창산에서 강시와 요괴 같은 흉물들에게 쫓기다가 어린아이 모양을 한 수백 년 묵은 하수오何首烏

를 먹게 된 후 몸이 제비처럼 가벼워져 평지에서도 별 힘을 안 들이고 수십 장丈을 솟아오를 수 있게 된다. 하수오라는 약물은 영지나 삼왕蔘王, 주과朱果 등과 함께《촉산기협전》에 자주 등장하는데 아미의 도인들이 이를 먹고 탈진한 내력을 회복하거나 심지어 반로환동*까지 한다.

명나라 때의 의가 이시진은《본초강목》에서 "50년 된 하수오 뿌리는 주먹 크기만 한데 이름을 산로山老라고 한다. 1년쯤 먹으면 수염과 머리칼이 청흑색이 된다. 100년 된 것은 밥그릇만 한데 산가山哥라 한다. 1년을 먹으면 안색이 붉고 부드러워져 젊은이처럼 된다. 150년 된 것은 물 긷는 항아리만 하다. 산백山伯이라 한다. 1년 먹으면 빠진 이가 다시 나온다. 200년 된 것은 고리짝만 한데 산옹山翁이라 한다. 1년을 먹으면 안색이 어린

애와 같고 걸음걸이가 달리는 말과 같아진다. 300년 된 것은 서 말들이 고리짝만 하다. 산정山精이라 한다. 순수한 양기 자체여서 오래 먹으면 지선地仙이 된다"라고 적고 있다.

서 말들이 고리짝이면 얼마나 클까. 한 말을 8kg쯤으로 생각해도 서 말이 들어가는 고리짝이면

*　반로환동 返老還童
노인이 어린아이의 몸으로 돌아간다는 뜻

적하수오
가을이나 봄에 덩이뿌리를 캐 잔
뿌리를 다듬어 버리고 물에 씻어
햇볕에 말리거나 증기에 쪄서 말
린다. 맛은 달고 쓰며 성질은 약
간 따뜻하다. 간경肝經, 신경腎經
에 작용한다.

힘없는 사람은 들어 올리기 어렵다. 이걸 먹으면 지상의 선계에 살면서 불로장생하는 신선인 '지선'이 된다는 것. 그럴 수만 있다면 우리나라 사람들 중 천금을 아끼지 않을 이가 적지 않을 것이다. 보신이라면 사족을 못 쓰는 곳이 대한민국 아닌가.

국내 아마추어 약초꾼들도 고리짝만 한 하수오를 캐는 일이 종종 있다. 하지만 이시진이 말하는 명산심곡에서 나는 하수오는 아니다. 얘기를 들어보면 밭두렁이나 농가의 돌담, 촌락과 인접한 산기슭에서 많이 캔다. 나도 전북 정읍의 농가 밭두렁에서 어린애 머리만 한 것을 캔 적이 있는데, 아무래도 1960~1970년대 촌부들이 수익 약재로 밭이나 공터에 심었다가 내버려둔 것이 아니냐는 게 중론이었다.

당신 곁의 약이 되는 27가지 풀과 나무

백하수오

은조롱, 새박풀, 해승애, 곱뿌리
등의 다른 이름으로 불리기도 한
다. 자양강장, 보혈補血, 익정益
精, 소종消腫의 효능이 있어, 병
후 쇠약, 빈혈, 조기백발早期白
髮, 신경쇠약, 만성풍비慢性風痺
등에 사용한다.

이런 하수오는 뿌리가 고구마처럼 생기거나 둥글고 색깔이 붉은 적赤하수오다. 중국에서 주로 자라는 것으로, 우리 자생종이 아니다. 그래서 농가 주변에서 캐는 것들은 대부분 나라 밖에서 들어온 재배용 적하수오일 공산이 크다. 이것 말고 백白하수오가 또 있는데 뿌리 생김새가 길쭉하니 다르고 색깔도 흰색이다. 생약명으로는 백수오라고 부른다. 이 백하수오는 자생종으로 우리나라 중부 아래의 산야와 바닷가 경사지에서 주로 자란다. 흔히 심마니들이 산과 섬을 찾아다니며 캐는 것들은 이 백하수오다. 이시진의 적하수오를 캐려고 국내의 명산심곡을 헤매는 것은 좀 가망 없는 일처럼 보인다.

한동안 하수오 캐기가 국내 아마추어 심마니들의 로망처럼 된 적이 있다. 사실 산삼 같은 약초는 전문적인 심마니들도 캐기 어렵다. 하지만 하수오는 그렇지 않다. 초짜도 잘만 하면 대물을 캔다. 오랫동안 전문 약초꾼의 관심 밖에 있어선지 산삼보다는 훨씬 흔하다. 등산하면서 약초도 캐는 약초산행 동호회가 많이 생겨나면서 '하수오를 사랑하는 모임' 같은 전문 카페도 나왔다. 요즘도 자신이 캔 하수오의 채취과정을 일일이 사진을 찍어 올리는 꾼들이 수두룩하다. 건강에 관심이 좀 있다 싶은 사람이면 어디서 저걸 다 캤는지 싶게 다양한 약초를 술에 담가 거실에 진열하곤 한다. 장뇌삼, 진삼, 노루궁뎅이버섯, 영지, 상황버섯, 봉황삼(백선), 천문동, 천마, 적·백하수오 등이 기본 품목인데, 아무래도 눈길을 끄는 것이 백하수오다. 약효도 삼蔘 못지않은 데다 술을 담그면 병에 담긴 기다란 괴경*의 귀족적인 품위가 그럴싸하다. 술맛도 여느 고급술보다 좋다. 간에 해로운 게 술인데 하수오 술은 간을 더 좋게 한다는 것이 호사가들의 지론이다.

이렇다 보니 시중에 유통되는 야생 하수오는 값이 꽤 나간다. 어지간하면 근(600g)당 수십만 원이다. 오래된 것들은 감정가가 억대를 호가한다. 언젠가는 여수 돌산의 한 야산에서 캔 무게가 10kg 정도 되는 대물 적하수오 일곱 뿌리가 1억 원, 월악산에서 캤다는 수령이 200년을 넘은 것으로 추정된 15kg 정도의 초대형 백하수오가 1억 원이 넘는 가격에 감정되기도 했다. 가히 천종산삼에 필적하는 몸값이었다. 여수 돌산산 적하수오는 한국전통심마니협회에 의해 180년이 넘은 것으로 추정됐는데, 국내에서 이렇게 오래된 적하수오가 나오는 건 극히 드문 일이라고 한다. 《본초강목》에서 말하는 '산백' 또는 '산옹' 정도 수준이다.

심마니들에 의하면 적하수오와 달리 자생종 백하수오는 초대형 대물이 꽤 나온다고 한다. 아마추어 심마니들의 하수오 사랑이 요원의 불길 같은 것도 조금 이해가 된다. 그렇지만 속된 금전적인 이유가 아니어도 하수오 산행은 도랑 치고 가재 잡는 일이 아닐 수 없다. 피톤치드 가득한 숲속을 헤매니 당장 건강에 좋다. 또 몇 시간의 사투 끝에 하수오 한 뿌리를 캐면 '야생의 회복'이라고 할 만한 기쁨이 충만해진다. 바다에서 릴낚시를 하는

---

* **괴경** 塊莖
저장기관의 역할을 하는 땅속의 줄기. 지하경이 비대하여 육질의 덩어리로 변한 줄기로 감자나 튤립 등에서 볼 수 있다.

낚시꾼의 손맛이 이에 비교될까. 도시의 회색 숲에서는 도저히 얻을 수 없는 기쁨이다.

게다가 덤으로 현장에서 듣고 보고 겪은 생생한 약초 지식이 늘어나게 된다. 전문 한의사도 상대하기 어려운 '재야 본초학'의 고수들이 나타나는 것이다. 이런 현상을 기왕의 육식성 보신인구가 웰빙 바람을 타고 초근목피로 넘어간 것이라고 할 수도 있겠지만 너무 협애한 시각일 수도 있다. 이반 일리치는 "건강하지 못한 환경에서 병든 생명을 연장시키는 것이 의료전문직의 중심사업이 되었다"라고 했다. 어쩌면 하수오 로망은 의료전문가 집단에 의해 독점된 차디찬 현대의학에 전적으로 몸을 내맡길 수는 없다는 의식의 발로 같기도 하다. 내 건강은 내가 지키는 것이다. 미국의 심리학자 켄 윌버 같은 이들이 말하듯 이 시대는 과학의 해석과 지배로부터 자유롭기는 어렵지만, 과학을 넘어선 통합적인 지혜와 영성에 대한 갈구 역시 많아진 시대다.

적하수오는 수컷, 백하수오는 암컷

프랑스에 거주하는 중국인 영화감독 다이 시지에의 〈식물학자의 딸Les Filles Du Botaniste〉이란 영화가 있다. 밍과 안, 두 여인의 동성애를 그린 퀴어 영화인데, 시지에 감독은 섬 하나를 통째로 약초원으로 꾸며서 갖가지 기화요초를 보여주며 다채로운 중국약초의 세계로 관객의 시선을 끌어들인다. 이 영화에 식물학자인 안의 아버지가 약초에 대해 말하는 대목이 있는데, 하수오에 대한 이야기도 있다. 그 부분을 옮겨보자면, "하수오의 학명은 폴리고눔 몰티플로룸이다. 한의학에서는 신장과 간의 질병을 치료하며 옛 의서에서는 이 약물을 처방하여 남자의 성기능장애를 치료했다."

　여기서 '폴리고눔 몰티플로룸Polygonum multiflorum'은 하수오의 학명이긴 한데, 정확히는 적하수오의 학명이다. 중국에서는 하수오 하면 대개 적하수오를 가리킨다. 백하수오의 학명은 '시난쿰 일포디Cynanchum wilfordii'다. 둘 다 하수오로 불리지만 과가 전혀 다른, 서로 무관한 식물이다. 분류학상 적하수오는 마디풀(여뀌)과에 속하고 백하수오는 박주가릿과에 속한다. 백하수오는 우리나라 전역에서 자라며 지역에 따라 은조롱, 큰조롱, 새박덩굴 등으로 불린다. 이 둘은 약으로 쓰이는 뿌리의 생김새도 확연히 다르고 뿌리 색깔도 다르다.

　둘의 기미도 아주 다르다. 맛을 보면 적하수오는 쓰고 떫고 자극적이어서 날로는 먹을 수가 없다. 그래서 쥐눈이콩(검정콩) 등을 넣고 시루에 쪄서 수취해 쓴다. 반면에 백하수오는 전분이 많고 맛이 고구마나 배추 뿌리와 비슷해 그냥 날것으로 먹을 수 있다. 독이 없어서 식량대용으로 쓰이기도 했다. 이렇게 서로 다른데도 희한하게 잎 모양새는 무척 닮았다. 잎만 보면 언뜻 잘 구분이 안 된다. 둘 다 덩굴식물이라는 것도 닮았다. 동명이물인 이 둘의 관계가 이 때문에 좀 복잡하다. 하나는 암컷, 하나는 수컷이라는 것이다.

17세기 초 중국 명나라 때 왕기가 편찬한 박물도감 《삼재도회》는 하수오라는 항목 안에 적하수오는 수컷, 백하수오는 암컷으로 분류하고 있다. 대부분의 중국 본초서가 그런 식인데 우리나라 《동의보감》도 "붉은 것은 수컷, 흰 것은 암컷이다. 일명 교등交藤, 야합夜合, 구진등九眞藤이라고 한다"라고 쓰고 있다. 교등은 하수오의 줄기가 얽힌 것이 사랑하는 이들 같다는 뜻이고 야합은 밤에 은밀히 교합한다는 뜻이다. 하수오의 강장하는 약성을 은유적으로 표현한 것이다.

그런데 이런 내용이 와전돼서 우리나라 약초꾼들도 하수오가 암수 다른 식물로 서로 떨어져있다가 밤이 되면 서로 엉켜 안고 지낸다거나, 하수오 한 뿌리를 발견하면 반드시 그 주위에 한 뿌리가 더 있으며, 밤중에 교합해 음기를 얻은 것이 약효가 더 있다는 등의 얘길 하기도 한다. 하수오를 분류하기 위해 쓴 '자웅'이라는 용어를 약초꾼들이 너무 신비화한다는 감이 있다. 영화 이야기로 돌아가면, 〈식물학자의 딸〉의 두 여인은 아름다운 약초원의 풍광 속에서 서로 이해하고 마침내 사랑하는 사이가 된다. 마치 자웅 한 쌍의 하수오가 서로 얽히듯. 그러나 이들의 사랑은 용납될 수 없다. 관습과 제도의 폭압 앞에서 불꽃 사위듯 지고 만다.

당신 곁의 약이 되는 27가지 풀과 나무

반로환소 하는 약효

하수오는 그 이름부터가 노화를 막고 젊음을 되돌리는 반로환소反老還少의 신비로운 약효에서 유래한다. 옛날 중국에 하공何公이라는 노인이 있었다. 그가 야생의 약초 뿌리를 캐 먹었는데 백발이 검어지며 젊음을 되찾았다. 그로부터 하공의 하何, 머리를 뜻하는 수首, 까마귀처럼 머리칼이 검어져 오烏를 써서 약초의 이름이 하수오가 됐다고 한다.

당나라 때의 유학자 이고의 《하수오전》은 한 가계의 이야기를 담고 있어 재미있다. 순주 남하현에 하수오라는 사람이 있었는데, 하수오의 할아버지 이름은 능사能嗣고 아버지 이름은 연수延秀다. 할아버지 능사는 사람 구실을 못 할 정도로 몸이 약해 환갑이 되도록 노총각으로 살았다. 그러다 우연히 산에서 캔 하수오 뿌리를 1년여 복용하고는 온갖 지병이 없어지고 흰머리가 검어지고 기력이 젊은 사람처럼 되었다. 장가도 들어 연수를 비롯해 자식을 여럿 얻었다. 아버지 연수도 이를 먹고 수명이 160세에 이르렀다. 그의 아들 수오 역시 나이가 130세가 되었어도 머리칼이 젊은이처럼 검었다. 이고는 아예 사람의 이름을 빌려서 교묘하게 하수오의 효능을 설명한다. '능사'는 능히 후사를 잇는다는 뜻이며, '연수'는 수명이 늘어난다는 연수延壽와 같다. 하수오라는 약물은 수명을 늘리고 모발을 검게 하고 자식을 낳게 한다는 것이다. 지선까지는 아니나 반로환소는 한다는 것.

하수오의 효능을 좀 더 살펴보면, 청대의 《본초비요》는 다음과 같이 서술한다. "간과 신을 보하고 피를 맑게 한다. 정력을 세게 하고 아이를 낳게 한다. 온갖 풍을 없애고 근골을 튼튼히 하며 머리카락을 검게 한다."《본초강목》은 이렇다. "혈기를 돋워 수염과 머리칼을 검게 하고 안색을 부드럽게 한다. 오래 복용하면 근골이 튼튼해지고 정수가 늘어 나이를 먹어도 늙지 않는다. 나력(만성림프샘염)을 치료하고 종기를 가라앉힌다. 머리의 풍창(피부병)을 낫게 하며 다섯 가지 치질을 고친다. 배 속과 장부의 일체 고질을 치료한다."

항노화 물질 레시틴이 주요 성분

하수오의 반로환소 하는 효능은 현대의학적으로도 상당 부분 검증되고 있다. 약리학적으로 보면, 적하수오는 레시틴lecithin, 안트라퀴논anthraquinone 유도체, 녹말 등이 함유되어있다. 레시틴은 항노화, 항산화 물질이라고 할 수 있는데, 인체의 신경조직을 구성하는 성분으로 특히 뇌척수의 중요 성분 중 하나다. 두뇌의 소모가 극심한 현대인에게 꼭 필요하다. 레시틴은 혈구와 세포막을 구성하는 중요 성분이기도 해 혈구의 신생과 발육을 촉진한다. 또 콜레스테롤이 간에 쌓이는 것을 저지하고 혈중 콜레스테롤 농도를 떨어뜨려 동맥경화를 막는다. 안트라퀴논 유도체도 중추신경을 흥분시키는 효과가 있다. 장의 연동운동을 강화하기도 한다. 적하수오 복용 후 배변이 개선되는 것은 이 성분 때문이다. 완만하게 설사를 시키므로 사하제로 이용되기도 한다.

임상실험으로도 적하수오는 골수 조혈세포와 적혈구의 수를 증가시키는 조혈작용과 함께 면역능력을 증강하는 것으로 밝혀졌다. 또 지방간과 바이러스간염, 그 밖의 간기능장애를 억제해 간을 보호하는 작용도 한다. 우리나라에선 여건상 적하수오보다 백하수오를 많이 썼는데 값비싼 인삼 대용으로 쓰는 사례가 많았다. 사상의학의 창시자인 이제마는 "인삼이 있으면 이를 쓰고 없으면 백하수오를 쓸 수 있다. 이 둘의 맛과 성질이 비슷하다. 그러나 백하수오는 맑게 들어 올리는 힘이 부족하고 온보溫補하는 힘이 지나쳐, 인삼을 다량 써야 하는 위급한 증세에는 대용할 수 없다"라고 했다. 구한말의 유학자이자 의가인 석곡 이규준이 백하수오를 자주 쓴 것으로 알려진다.

　　적하수오에 비해 성분이 자세히 밝혀져있지 않지만, 백하수오 역시 뿌리에 레시틴이 있고 강심작용을 하는 성분이 있다. 혈당을 떨어뜨리기도 한다. 임상가들이 백하수오를 쓰는 용도를 살펴보면 우선 정과 혈을 도와 노화를 막는 항노화 약물로 노인성 치매나 이명증에 다용된다. 피부의 영양상태를 개선하므로 건조한 피부나 건선의 치료에 쓴다. 모발의 탈락을 막고 재생시키는 효과가 있어 모근이 약해 잘 빠지거나 스트레스로 인해 탈모가 심한 경우, 산모의 탈모증, 항암치료 후 모발이 잘 자라지 않는 데에 쓴다. 강심작용을 하므로 만성적인 스트레스로 인한 자율신경 실조나 성기능장애, 갑상샘기능 항진증이나 저하증, 수면장애를 개선하는 데 쓴다.

백발을 검게 만드는 신선고본주

여러해살이 덩굴풀인 하수오는 늦은 가을이나 이른 봄에 말라 죽은 줄기를 보고 캔다. 백하수오는 비탈진 풀숲이나 산비탈의 바위틈, 관목 숲에서 잘 자란다. 바닷가가 가까운 산의 비탈진 곳이나 섬지역에서도 많이 서식한다. 예전엔 영광의 백수 해안도로 주변 바닷가 야산에서 무성하게 넝쿨을 뻗어 올린 백하수오를 어렵지 않게 볼 수 있었다. 하수오 밭이라고 해도 될 정도였는데 어느 틈에 꾼들의 손을 타 씨알이 말라버렸다. 너무한다는 생각이 들기도 한다.

주의사항 하나. 10여 년 전부터 백하수오와 뿌리가 비슷하게 생긴 '이엽우피소'라는 중국산 식물이 농가에 재배되면서 그동안 백하수오로 유통됐는데, 가끔 산에서도 이를 캐는 경우가 있다. 약재로도 위품 논란이 있으므로 구별을 요한다.

복용법은 술에 그냥 담가 먹기도 하는데 35도쯤 되는 담금주에 넣고 2~3개월 동안 밀봉해두면 된다. 더 효과를 보려면《동의보감》의 신선고본주神仙固本酒도 좋다.

우선 백하수오 240g, 우슬 300g, 구기자 160g과 천문동, 맥문동, 생지황, 숙지황, 당귀, 인삼을 각각 80g, 육계 40g을 준비해 가루로 내고, 찹쌀 두 말과 흰누룩 두 되를 쪄서 위의 약가루와 넣고 버무려 술을 빚는다. 이 술을 매일 반주 삼아 한 잔씩 마시면 살결이 고와지고 오래잖아 흰 머리칼이 변해 까맣게 자라 나온다.

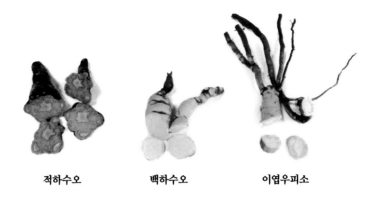

적하수오   백하수오   이엽우피소

환으로도 만들어 매일 복용해도 좋다. 제법은 백하수오 600g과 우슬 300g을 섞어 쥐눈이콩(검정콩) 세 되를 삶은 물에 버무려 세 번 찐 다음 잘 찧어서 이것을 볕에 말려 가루로 낸다. 대추살에 반죽하여 벽오동씨만 하게 알약을 만든다. 한 번에 30~50알씩 먹는다. 근골이 약하여 허리와 다리가 힘이 없고 쑤시거나 정력이 약한 데 좋다.

전통적인 처방으로는 소응절邵應節의 칠보미염단*, 여조呂祖가 신선 공부를 할 때에 만들어 복용했다는 연년익수불로단** 등이 특히 유명하다.

일본에서 발행된 《도설한방의약대사전》(陳存人 저)을 참고해 하수오의 효능을 현대적 관점으로 더 정리하면 다음과 같다.

---

*   **칠보미염단** 七寶美髥丹
    적·백하수오를 각각 한 근씩 흑두와 섞어 아홉 번 찌고 말린 뒤 복령, 우슬, 당귀, 구기자, 토사자, 보골지를 각각 반 근을 섞어 만든 환으로 백발을 막고 탈모를 감소시킨다.

** **연년익수불로단** 延年益壽不老丹
    적·백하수오, 지골피, 복령, 생건, 지황, 숙지황, 천문동, 맥문동, 인삼 등을 가루 내어 졸여 꿀로 반죽한 다음 벽오동씨만 하게 만든 알약으로 한 번에 30~50알씩 술과 함께 먹는다.

첫째, 뇌를 튼튼히 하고 혈을 보충한다. 빈혈이 심하거나 만성질환으로 체력이 떨어졌을 때 당귀 등과 함께 쓰면 좋다. 건뇌안신健腦安神의 효능이 있어 신경쇠약을 치료한다. 두뇌를 지나치게 쓰거나 생활이 불규칙하면 노화가 빠르고 머리털이 빨리 세는데, 하수오를 상복하면 두뇌작용이 강화되고 노화가 방지된다.

둘째, 허리와 무릎을 튼튼히 하고 성기능을 강화한다. 오랜 병으로 몸이 허약해지고 허리와 무릎에 힘이 없을 때, 또 만성적인 류머티즘으로 허리와 다리가 시리고 아플 때 상기생(뽕나무겨우살이), 속단 등과 같이 쓴다. 성기능감퇴, 조루, 유정* 등에도 좋다.

셋째, 생리불순을 치료하고 안태 및 유산 방지의 효과가 뛰어나다. 유산을 막고 자궁을 튼튼히 한다. 습관성 유산에도 당귀, 작약, 상기생과 같이 써서 반년 정도 복용하면 큰 효과를 본다.

넷째, 하수오는 부작용 없이 혈압을 낮추고 콜레스테롤이 쌓이는 것을 막아 동맥경화를 치료한다. 매일 12~20g씩 달여 2개월 이상 복용하면 효과가 지속된다.

다섯째, 허약자나 노인의 변비를 낫게 한다. 고혈압이나 심장질환에도 변비가 심한 경우가 많은데 하수오는 혈압을 내리고 강심하는 효과가 있으므로 크게 도움이 된다.

---

* 유정 遺情
아무 때나 정액이 흘러나오는 증상

토사곽란과 관절염에 좋은 모과

모과를 사려고 시장에 나갔더니 눈에 띄는 모과들이 하나같이 큼직한 데다 빛깔도 좋고 매끈매끈하다. 거름을 많이 주고 잘 키워서 그럴까. 과일전 망신이었던 못난이 모과는 외려 보기 힘들다. 울퉁불퉁 못나기는커녕 하나같이 큼직한 데다 매끈매끈한 진노랑 피부를 자랑하는 모과들이다.

모과란 이름은 '나무에 달린 참외'를 뜻하는 목과木瓜에서 변한 것이다. 참외처럼 그냥 먹을 수 있는 과실이라면 좋으련만 애석하게도 육질이 나무토막처럼 단단하고 맛은 시고 떫기만 하다. 금목서꽃처럼 은은하고 달콤한, 마냥 유혹적인 그 향기가 아깝다. 날로는 못 먹는 모과를 숭숭 썰어서 설탕이나 꿀에 재워 차를 만들거나 술에 담가 먹는다.

어물전 꼴뚜기와 함께 과일전의 '블랙리스트'에 올라 대접을 영 못 받지만 약전藥廛으로 무대가 바뀌면 다르다. 모과처럼 가정의 상비약으로 쓰기에 좋은 약재도 또 없다. 우선 감기 기운으로 몸살이 나거나 기관지 염증으로 기침이 심할 때 모과를 쓸 수 있다. 설사가 심할 때도 쓸 수 있다. 소변이 너무 잦을 때 쓸 수 있는 것도 모과다. 종아리에 쥐가 나거나 관절이 시큰시큰 아플 때도 모과가 좋다. 《동의보감》엔 "맛이 시고 성질은 따뜻하다. 곽란으로 몹시 토하고 설사하고 배가 아픈 위장병에 쓴다. 근육에 쥐가 나고 설사 후 갈증이 심한 증상, 각기, 수종, 소갈을 치료한다. 힘줄과 뼈를 튼튼히 해 다리와 무릎에 힘이 없는 것을 고친다"라고 했다.

모과는 신맛으로 기혈을 잘 수렴한다. 그래서 토하거나 설사가 심해 몸에서 전해질과 수분이 빠져나가서 오는 근육의 경련을 잘 잡는다. 모과에 향유, 백편두, 후박, 복령 등을 가미한 육화탕이 유명하다. 또 서근통락舒筋

모과나무 꽃

通絡을 해 손발 저림에도 좋다. 수렴을 잘하므로 항이뇨작용도 크다. 무엇보다 거습진통去濕鎭痛 효과가 뛰어나다. 다리가 붓고 무겁고 땅기며 근육이 위축되어 걷기 힘든 각기 증상 등에 주효하다. 한약 처방으론 빈소산檳蘇散 등이 유명한데, 조기에 쓰면 이런 질환도 잘 치료된다.

풍습으로 인한 관절염, 예를 들면 허리에서 다리까지 걸치는 통증질환인 좌골신경통 등에도 모과가 잘 든다. 어혈을 풀고 소통을 시키는 약재인 단삼, 천궁, 작약, 속단 등과 진통에 주로 듣는 진교, 위령선, 방풍 등을 가미해서 약을 쓴다.

관절염이 오래되면 부종이나 근위축증상이 나타나는데 이 경우 모과에 황기 등의 약재를 가미해 쓰면 근위축을 막고 부종도 가라앉힌다. 다발성

모과나무

쌍떡잎식물 장미목 장미과의 낙
엽교목. 꽃은 연한 홍색으로 5월
에 피고 9월경 타원형의 열매가
노랗게 익는다. 향기는 좋으나 신
맛이 강하다. 우리나라에서 가장
오래된 모과나무는 경남 의령 곽
재우 장군을 기리는 충익사에 있
으며 수령이 약 280년이다.

당신 곁의 약이 되는 27가지 풀과 나무

신경염, 말초신경염, 근육류머티즘 등에도 모과가 좋다. 또 화위지사化胃止瀉 효능으로 구토, 설사, 소화불량, 복통, 위경련, 급성장염으로 인한 장교통 腸絞痛 등 다양한 소화기질환을 치료하는 상용 약으로 쓸 수 있다. 다만 모과는 항이뇨작용이 있어 울열로 인해 소변이 붉은빛을 띠고 잘 나오지 않을 경우엔 써서는 안 된다. 《동의보감》에는 뼈와 이를 상하게 하므로 많이 먹지 말아야 한다고 적혀있다. 참고할 일이다.

삶과 죽음을 가르는 치명적인 파르마콘, 초오와 부자

투구꽃, 각시투구꽃, 세뿔투구꽃, 놋젓가락나물, 참줄바꽃, 지리바꽃, 이삭바꽃, 세잎돌쩌귀, 그늘돌쩌귀… 가을이 되면 우리나라 전국의 깊은 산속에서 하늘색과 흰색의 예쁜 꽃을 피우는 초오속의 풀이름이다. 우리나라에 18종이 있다. 세계적으로는 200여 종 된다. 이름은 제각각 다르지만 투구를 쓴 듯한 모양의 꽃 생김새와 갈래 진 잎사귀가 어슷비슷해서 거기서 거기다. 다 자연에 기대어 살던 농경시대 옛사람들이 붙인 이름이겠다. 전문가들이나 야생화에 밝은 사람은 이들의 차이를 용케 구별해내는 모양이지만 눈이 어두운 나는 잘 모르기도 하고 성가시기도 해서 그냥 다 투구꽃 또는 돌쩌귀라고 부른다.

한로와 상강 사이인 10월 중순경, 전남 화순의 어느 산을 오르며 초오의 뿌리를 캤다. 모근 옆에 붙은 새 덩이줄기가 통통하니 잘 여물었다. 초

당신 곁의 약이 되는 27가지 풀과 나무

오꽃이 눈에 많이 띄기도 해서 약초 캐는 재미가 쏠쏠하다. 오랜만에 오른 이 산의 중턱 거북바위 옆에는 보기 드물게 큰 키를 자랑하던 꾸지뽕나무가 한 그루 있었다. 초오 뿌리를 캐며 겸사겸사 가보았더니 그 큰 나무가 아예 흔적 없이 사라져버렸다. 어느 여름 태풍을 못 이기고 넘어졌을지도 모를 일이지만, 다른 나무들은 부러진 채로 그 자리에 있는데 꾸지뽕나무가 있던 곳만 자취도 없이 감쪽같다. 아무래도 사람의 손을 타는 수난을 당한 듯하다. 사라져버린 꾸지뽕나무가 있던 주변에 무더기를 이루며 핀 초오의 푸른 꽃색이 유독 더 처연해 보인다.

한약재로 쓰이는 초오의 덩이뿌리는 그저 몸에 좋기만 한 여느 약재들과 다르다. 위중한 병에 걸린 환자의 극심한 통증과 마비를 몰아내는 신

초오 뿌리

투구꽃

미나리아재빗과의 식물로 8~9월
에 꽃을 피운다. 꽃의 지하부 덩
이뿌리가 까마귀 머리와 닮았다
하여 초오 또는 초오두라 부른다.

당신 곁의 약이 되는 27가지 풀과 나무

통한 약이지만 한순간에 사람의 숨을 끊어놓는 무서운 독이기도 하다. 과거엔 임금이 추상 같은 어명과 함께 내리던 사약의 재료로 부자, 비상 등과 함께 이 초오를 썼다. 만물을 숙살肅殺하는 서릿발 같은 기운으로 신경을 마비시키고 사지를 오그라들게 하는 맹독성의 독품毒品인 것이다. 고전에도 "대독大毒하다. 이를 달여서 고膏를 낸 사망射罔을 활에 묻혀 짐승을 쏘면 바로 죽는다"라고 했다. 그래서 제대로 법제하지 않고 멋모르고 초오를 먹었다간 큰일이 난다. 요즘도 이 초오를 잘못 먹고 사망했다는 기사가 심심찮게 나온다.

치풍의 으뜸 오두

《동의보감》에 "초오는 대독하다. 풍한습風寒濕으로 인해 몸이 마비되거나 아픈 비증痺症을 치료한다"라고 했다. 최근의 본초서들을 보면 "초오의 성미와 효능은 오두烏頭와 비슷해 한습寒濕을 몰아내고 풍사風邪를 흩어지게 한다"라고 쓰고 있다. 또 "몸속의 양기를 살려내는 보양의 효능은 부자에 미치지 못하지만, 풍을 치료하고 동통이 심하거나 저리고 마비되는 증상을 고치는 효능은 부자보다 우수하다"라고 했다.

한습은 차고 습한 성질의 나쁜 기운이다. 한습이 몸에 있게 되면 피부와 근육과 뼈마디가 뻣뻣해지고 저리고 아프다. 습은 잘 이동하지 않으므로 통처가 일정하게 고정되는 경향이 있다. 만성적인 관절통이나 류머티즘성관절염, 척추염과 근육통, 좌골신경통 등을 비롯한 다양한 신경통, 뇌혈관 파열 등으로 인한 편마비 등 각종 마비증상 등이 그 예다. 풍사는 바람처럼 잘 움직이는 성질의 사기邪氣다. 통증이 일정한 곳에 있지 않고 왔다 갔다 하며 돌아다닌다. 통증질환이나 마비, 중풍으로 인한 신체의 이상은 대체로 이 풍한습이 결합되는 경우가 많다. 이런 모든 질환에 초오가 효과가 있다는 것이다.

초오와 그 효능이 비슷하다는 오두나 부자는 다 미나리아재빗과 초오 속 식물인 중국 사천 부자(Aconitum carmichaeli Debx.)의 덩이뿌리다. 같은 식물의 뿌리인데 원뿌리인 모근이 오두, 새끼뿌리인 자근이 부자다. 중국 쓰촨성, 산시성 등이 원산지이므로 당연히 우리나라에선 자생하지 않는다. 중국에서 대부분을 수입해 쓰는 약재다. 부자와 오두로 이름을 달리해 부르는 이유는 모자母子의 구별이 필요하기도 하지만 약성이 좀 다르기 때문이다. 둘 다 속을 뜨겁게 데워서 한기와 풍습을 몰아내는 온리약溫裏藥이지만, 부자는 치한治寒의 으뜸으로 불리고, 오두는 치풍治風의 으뜸으로 불린다. 부자는 한을 더 다스리고 오두는 풍을 더 다스린다는 말이다.

인문학에 관심이 좀 있는 이라면 플라톤의 파르마콘*을 말하면 금방 부자를 떠올린다. 부자는 약이면서 동시에 독으로 유명한 약물이다. 그 성미

* **파르마콘**pharmakon
해체주의 철학으로 유명한 프랑스의 철학자 데리다가 플라톤의 《대화편》《파이드로스》에서 차용한 말이다. 약이면서 동시에 독도 되는 독당근을 뜻한다. 플라톤은 〈파이드로스〉에서 '문자'와 '글'을 이 독당근, 파르마콘에 비유한다. 그에 의하면, 로고스logos인 '말'은 화자의 본래 의도를 생생하게 전하는 진리의 원본이지만 입에서 나오자마자 지속되지 못하고 사라져버린다. 문자와 글은 말의 한계를 보완하므로 치료제가 되지만, 말을 대리하면서 그 의미를 왜곡하는 부작용을 내므로 독이 된다.

당신 곁의 약이 되는 27가지 풀과 나무

가 열熱하지만 유독有毒하다. 물론 잘못 쓰면 유독하다. 아무 때나 유독한 것은 아니다. 부자의 열은 신체 장기의 기운이 막다른 상황까지 가 사지가 싸늘하고 맥이 곧 끊어질 것 같은 이들을 살려낸다. 이른바 회양복맥回陽復脈 한다. 그러나 그 독은 잘못 쓰면 사람을 죽인다. 물론 법제를 해 독을 완화한 부자를 쓰니까 죽음에 이르지는 않지만.

오래전 안방의 인기를 모았던 대하드라마 〈허준〉에서도 이 부자 이야기가 나온다. 부자의 독에 무지한 이가 양기가 다 떨어져서 죽게 된 어미를 부자를 써서 살려내긴 했다. 그런데 너무 욕심을 부려서 부자를 계속 쓰다 그 독으로 눈을 멀게 만들고 말았다는 얘기다. 실제로 법제한 부자도 지나치게 쓰면 포도막염 같은 안질환이 생기기도 하고 심하면 실명하기도 한다. 증상에 맞게 잘만 쓰면 그럴 리는 없다. 칼날이 날카로우면 다루는 사람도 신중을 기해야 하는 법이다.

법제도 잘해야 되지만 또 적절히 쓰는 것이 중요하고 치고 빠질 때도 잘 알아야 한다. 그러려면 부자를 쓸 증상인지 아닌지 변증*을 잘해야 한다. 이런 이유로 한의사들도 웬만큼 경험 있는 이가 아니면 탈이 날까 봐 이 부자 쓰기를 겁낸다. 하지만 이런 독품을 잘 써야 큰 병을 잘 고친다. 홍삼 같은 것은 아무나 써도 탈이 잘 안 난다. 변증이 크게 필요 없다. 기껏해야 건강식품이지, 약이라 할 수 없다. 그러니 무슨 병을 고칠 수 있겠는가. 그렇지만 홍삼도 체질과 증세에 맞지 않으면 탈을 내는 경우가 왕

---

*   **변증** 辨證
질병의 증후를 변별하고 분석하는 행위

왕 있다. 별 탈이 안 나 보이는 것도 사실은 의사의 변증이 필요했다는 얘기다. 홍삼도 그러한데 부자 같은 독품을 쓸 때 변증을 못하면 큰일이 난다. 변증을 잘하느냐, 못하느냐가 의사의 실력을 판가름한다. 그래서 변증을 잘하는 이가 명의가 된다.

보화장양의 약, 부자

구한말의 한의사 중에 부자를 잘 써서 명의로 이름을 날린 분이 있다. 석곡 이규준 선생이다. 장비가 조조의 진중陣中에 뛰어들어 장팔사모 쓰듯 거침없이 부자를 써 험한 병을 고쳤다. 그래서 얻은 별명이 이부자다. 이분이 부자를 쓴 처방을 보면 그 과감함에 가히 기가 질릴 정도다. 물론 부자만 잘 쓴 게 아니고 뭇 병에 대한 작방作方이 신통해서 나에게도 크게 공부가 됐다. 변증을 잘하셨다는 얘기다. 석곡의 제자인 무위당 이원세 선생도 부자를 잘 썼다. 역시 명의로 이름을 날렸다. 이분의 제자들이 부산과 경상도 지역에서 주로 활동을 하다 지금은 '소문학회'라는 이름으로 석곡 선생의 맥을 이어가고 있다. 전통 조선의학을 계승하고 있다는 긍지와 자부심이 크다.

보화장양補火長陽 하는 부자는 잘만 쓰면 참으로 좋은 약이다. 그래서 몸이 냉해 신진대사가 떨어진 이들에게 투여하는 보약 중에도 많이 쓴다. 그러나 부자와 달리 오두는 거풍지통去風止痛 하는 힘이 더 강해 보약에는 잘 쓰지 않는다. 모자간이지만 힘이 다르다. 주로 풍한습으로 인한 비증과 역절풍(류머티즘성관절염), 손발이 굳어지며 오그라들어 마음대로 쓰지 못하는 사지구련四肢拘攣, 반신불수 등에 쓴다. 한寒보다는 풍風에 더 치중한다. 흔히 오두를 천오川烏라고도 하는데, 야생식물인 초오와 달리 중국의 사천 부자는 오래전부터 천변에 인접한 밭에서 키우는 재배작물이 되었기 때문이다.

그런 탓에 오두의 구근은 야생 초오의 그것보다 훨씬 크고 굵다. 야생의 초오는 엄지손톱만 한 씨감자 크기인데, 오두와 그 자근인 부자는 감자처럼 굵직굵직하다. 원래의 종자에 차이가 있어 한계는 있겠지만, 우리나라 야생 초오도 거름을 주고 밭에서 키운다면 혹시 오두나 부자처럼 굵직하게 자랄지도 모르겠다. 자근이 생기지 않은 오두를 따로 천웅天雄이라고 부르기도 한다. 임상적으로 초오는 부자나 오두보다 잘 쓰이는 약은 아니다. 아마 일반 한의원에선 거의 쓰지 않는다고 해도 무방하겠다. 쓸 일도 그다지 없다. 나의 경우는 천오가 들어가는 처방에 법제를 잘한 초오를 더러 쓴다. 《금궤요략》에 나오는 처방 중 대오두전이나 오두탕에 더러 쓸 일이 있기 때문이다. 중풍환자에게 쓰기도 한다.

초오를 써서 치료하는 질환들은 어깨관절주위염, 사지와 허리의 관절통, 섬유조직염, 신경통 등 각종 동통질환이 많다. 중풍이나 구안와사, 반신불수에도 쓴다. 중국에선 위암이나 간암환자에게 주사액으로 치료를 한 사례들이 있다.

과거 한약업사들의 처방 채록집을 보면 중풍환자나 백반증 등에 이 초오를 쓴 처방들이 눈에 띈다. 참 대담하게 약을 썼다는 생각이 든다. 양의학이 시원찮았던 1960~1970년대에 이분들은 위험을 마다하지 않고 겁나는 약들을 썼다. 부러운 생각도 든다. 북한의《동의치료경험집성》을 보면 이 초오를 가지고 만든 초오환으로 류머티즘성관절염 환자 80가지 사례와 근육류머티즘 34가지 사례에서 3~6주의 치료 후 통증이 멎거나 경미해진 비율이 82.6퍼센트였다고 한다.

정신분열증이나 신경쇠약증에도 초오를 이용한 약으로 상당한 효과를 보았다. 또 심근염에 의한 부정맥환자들을 대상으로 법제하지 않은 초오를 환제로 만든 초오환을 써 큰 효과를 봤다. 20명의 환자 중 열 명이 완치됐고 호전된 환자가 일곱 명이었다. 약을 투여하면서 속이 메스껍거나 입술이 저리고 손발이 저리는 증상을 호소하면 투여량을 조절했다. 초오 가루로 1알이 50mg 되게 환약을 만들어 한 번에 한 알씩 하루 3회 투여하다 이상이 없으면 매일 한 알씩 양을 늘려 복용하게 했다. 이런 사례들은 모두 다 동의학적인 변증을 하면서 치료한 것들이므로 일반인은 참고로 하기 어렵다. 최근에는 이 초오로 당뇨병을 치료한 이들의 경험담이 좀 나온다. 법제를 잘한 초오를 써서 신중하게 투여한 분들도 있다. 아무래도 신중을 기할 필요가 있는 약이다.

10~11월 캐면 독성 적어

초오는 주로 봄과 가을에 뿌리를 캔다. 독성을 줄이기 위해 일반적으로 감초와 검은콩 삶은 물에 담갔다가 말리거나, 소금물에 넣고 보름 이상 두었다가 건조시킨다. 동변*에 담갔다가 찬물에 씻어서 말리는 방법도 있다. 부자나 오두는 주로 아코니틴aconitine 성분을 비롯한 여러 가지 알칼로이드의 독성을 이용해 약효를 낸다. 초오에도 역시 이들 성분이 많다. 초오, 부자, 오두에는 아코니틴 말고도 히게나민higenamine 등 여러 가지 알칼로이드가 있는데 이들은 매우 강력한 심장독성물질이자 신경독성물질이다. 또 강심제이자 강력한 진통제이기도 하다. 지나치게 복용하면 부정맥과 호흡근 마비를 일으켜 심하면 죽게 되지만, 수취를 해서 독성을 잘 빼내면 약이 된다. 법제를 어떻게 하느냐에 따라 이 아코니틴 성분과 알칼로이드의 양이 100배까지 차이가 나기도 한다. 아코니틴은 또 오랜 시간 끓이면 아코닌이라는 물질로 바뀌어 독성이 크게 줄어든다. 강심작용이 큰 히게나민은 오래 끓여도 파괴되지 않기 때문에 그 효과가 줄어들지 않는다.

초오의 중독증상은 처음에는 가려움이나 찌르는 듯한 통증이 있다가 작열감과 어지러움, 부정맥, 호흡곤란, 구토증, 운동마비 등이 나타난다. 중독 시에는 감두탕을 먹거나 북어 끓인 물을 마시면 완화된다. 초오의 채취 시기는 10월 중순경이 가장 좋은데, 10월경부터 11월에 채취한 것이 아코니틴이 비교적 적고 강심 성분이 많은 것으로 알려진다. 옛사람들도 나름대로 지혜로웠다고 해야 할 대목인지 모르겠다.

---

* **동변** 童便
   12세가 안 된 사내아이의 오줌을 약재로 이르는 말

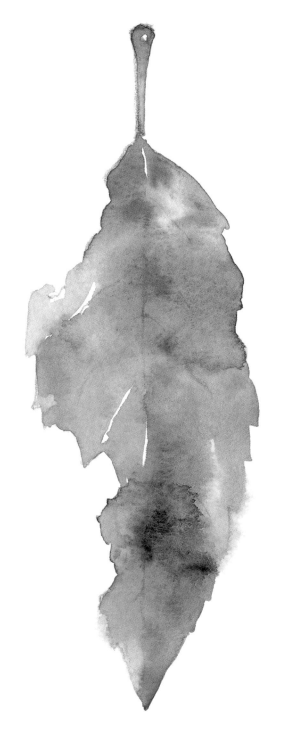

4

겨울

서릿발 같은 기운이 천지를 뒤덮으면 산과 들의 생명들은 묵묵히 제 근원을 찾아 땅 밑으로 침잠한다. 분별로 보면 이 생명들은 낱개의 초목들에 지나지 않으나 실상은 대지와 바람과 물과 함께 모두 하나다.

노자가 말한 '죽지 않는 계곡의 신'과 같다. 생물학자 린 마굴리스가 '생명은 명사가 아니라 동사'라고 한 것도 같은 뜻이다. 깊은 근원으로 내려간 이 계곡의 신령한 힘은 또다시 온 세상을 짙푸르게 장엄하는 오래된 꿈을 꾼다.

연년익청의 항노화제 국화

'식국食菊'이란 말이 있다. '국화를 먹는다'는 뜻이다. 과거에는 양기가 가장 치성한 음력 9월 9일을 중양절重陽節이라 했다. 조상들은 이 무렵 피는 국화꽃을 감상하고 즐기며 술 위에 국화꽃잎을 띄워 국화주를 마셨다. 국화꽃을 아예 날로 먹기도 하고, 국화뿌리를 적시며 흘러나오는 국화수를 받아 마시기도 했다. 국화떡도 만들고 화전도 부쳐 먹었다. 국화가 삿된 것을 물리치는 벽사辟邪의 힘도 있고, 또 오래 살고 늙지 않게 한다고 믿었기 때문이다.

요즘은 국화주, 국화차 등이 식국의 예가 되겠다. 조선 순조 때 편찬된 부녀자 생활 지침서《규합총서》를 보면 국화주 담그는 법이 나온다. 국화꽃 말린 것 두 되쯤을 주머니에 넣어 한 말들이 술독에 담가두면 향내가 술독에 가득해진다고 적고 있다. 국화꽃은 말린 뒤에 더 향기롭다. 잘 말린 국화꽃 한두 송이를 찻물에 우려낸 국화차는 그 향기가 그윽하고 쌉싸래하며 뒷맛이 오래간다. 시골에선 봄에 나온 국화의 싹과 어린잎으로 나물을 하거나 국을 끓이기도 했다.

동리국에 말을 잊다

국화는 꽃이 피는 시기에 따라 춘국, 하국, 추국, 동국으로 나뉜다. 요즘은 계절과 무관하게 꽃이 나오니 절기를 따지는 것이 우습긴 하지만, 아무래도 국화는 늦가을의 꽃으로 치는 게 제격이다. 그것도 겨울 초입쯤 되어야 국화의 아름다움이 돋보인다. 남녘의 시골집 울타리에 심은 노란 국화는 동지섣달 한겨울에도 조그마한 꽃을 피운다. 세상의 꽃이란 꽃은 다 저버린 엄동설한에 꽃을 피우니 그 기상이 특이하다. 국화는 매화, 난초, 대나무와 함께 사군자의 하나다. 또 모란, 작약과 함께 3가품佳品이라고 한다. 모진 서리가 내려 뭇 꽃이 속절없이 다 시든 뒤에도 오연히 꽃을 피우는 그 꿋꿋한 기상을 기려 옛 선비들은 '오상고절傲霜孤節' 또는 '오예풍로傲睨風露'라고도 했다. 국화에서 선비의 의기와 절개를 보았던 것이다. 또 세 벗 중의 하나이기도 하다. 매화를 청우淸友, 연꽃을 정우淨友, 국화를 가우佳友라고 한다.

'동리가색東籬佳色'이라는 별명도 있다. 동쪽 울타리의 예쁜 빛깔이란 뜻이다. '가색'은 아름다운 여인을 가리키기도 하니까 예쁜 여인을 연상해도 되겠다. '동리'라는 말의 연원은 동진東晉 때 시인 도연명의 〈음주〉라는 시에서 비롯한다. 이 시 속에 등장하는 동쪽 울타리 아래 핀 국화가 '동리국東籬菊'이다.

> 동쪽 울타리 아래서 국화꽃을 따다가 採菊東籬下
>
> 한가로이 남쪽 산을 바라본다. 悠然見南山
>
> 저물녘 산기운 아름답고, 山氣日夕佳
>
> 새들은 날아 함께 집으로 돌아온다. 飛鳥相與還

자연 속에서 유일자적하는 은사隱士의 심경을 담고 있는, 천고의 걸작으로 칭송되는 구절이다. 동리국은 국화를 읊조리는 후세 동아시아 문사들의 아키타입이 됐는데, 여기에 은사와 벗하는 예쁜 꽃, 또는 여인의 이미지를 덧붙여 동리가색이 되었다. 은사 자신의 이미지를 이입해 '동리군자東籬君子'라고 하기도 한다. 조선조의 실학자 홍만선의 《산림경제》〈양화편養花篇〉에 이런 말이 나온다.

"도연명이 아끼던 동리국은 자줏빛 줄기의 노란 꽃인데, 국화의 본성이 서향을 좋아하므로 동쪽 울타리에 심는다."

최근에 고향에 내려갔다가 동쪽 울타리 밑에서 동리국을 봤다. 줄기가 약간 자줏빛을 띠었다. 아무렴, 도연명의 동리국이 꼭 아닌들 또 어떠랴. 늦서리도, 매서운 겨울 기운도 아랑곳하지 않고 싱싱하게 핀 노란 국화의 향을 맡으며 한동안 돌 섶에 쭈그려 앉았다. 도연명의 시 후반부에 '이 가운데 숨어있는 참뜻이 있나니, 이를 헤아리다 말을 잊었다[此中有眞意 欲辨已忘言]'란 대목이 이어진다. 문득 그 구절의 뜻 속으로 들어간 듯한 마음이 된다. 그러나 진속眞俗의 분별을 여의고 말을 잊은 참된 경지를 세속사에 분주한 일개 범부가 감히 넘볼 수 없다.

장수와 회춘의 약재, 감국

《신농본초경》은 국화를 상약上藥의 하나로 쳤고, 선가仙家에선 연년익청延年益靑, 즉 수명을 늘리고 회춘하는 약의 재료로 썼다. 한약명으로는 '감국甘菊'이라 한다. 《신농본초경》의 상약은 생명을 기르고 기를 돋우며 장수하는, 독이 없어 오래 먹을 수 있는 120가지의 약물인데, 이들은 석石부와 초草부, 목木부 등으로 나뉜다. 감국은 그중 초부의 랭킹 2위 약물이다. 석창포가 초부의 랭킹 1위이고, 3위가 인삼이다. 그냥 가나다순으로 순번을 매긴 게 아니고 선인仙人, 신선이 되는 약들의 으뜸이기에 앞자리에 올렸다.

이 감국을 먹고 신선이 된 이들에 대한 전설은 어느 약물보다도 많다. 팽조는 감국을 먹고 무려 1700세를 살았는데, 얼굴빛이 청년과 같았다. 강풍자라는 이는 감국과 잣을 평생 먹고 신선이 됐고, 주유자도 국화꽃을 달여 먹고 구름을 타고 하늘에 올랐다. 또 유생이란 이도 백국白菊의 즙으

당신 곁의 약이 되는 27가지 풀과 나무

감국
쌍떡잎식물 초롱꽃목 국화과의
여러해살이풀. 9~10월 사이 노란
색 꽃을 피우는데 지름 2.5 cm 정
도이며, 10월에 꽃을 말려서 술
에 넣어 마시고, 어린잎은 나물로
쓴다. 꽃에 진한 향기가 있어 관
상용으로도 가꾼다.

로 단약을 만들어 1년을 먹고 500세를 살았다.

사실에 가까워 보이는 얘기도 있다. 허난성 난양현의 어느 산중에 감곡甘谷이라는 계곡이 있는데 이 계곡의 물이 국화의 군락지에서 발원하여 국화의 자액滋液을 품고 흘렀다. 이 물을 먹고 사는 주민들은 모두 장수했다. 평균수명이 120~130세였다. 이런 사실이 알려져 외지인과 관리들도 그 물을 마셨는데 역시 건강하게 오래 살았다. 후에 풍기와 현기증의 병이 있던 남양태수 왕창, 유관 등이 소문을 듣고 이 물을 길어다 마셨는데 모두 나았다. 한나라 때 문헌에 나오는 얘기다.

고열, 두통, 어지럼증, 저림 치료

《옥함방》이란 의서에 왕자교가 감국으로 만든 선약 처방이 나온다. 왕자교는 태자의 신분을 버리고 숭산에 들어가 도를 닦아 신선이 된 이라 한다. 그의 처방은 백발을 검게 하고 수명을 늘리는 '변백증년방變白增年方'으로, 제법은 다음과 같다.

"음력 3월 일진日辰의 지지가 인寅이 되는 첫 번째 날[上寅日], 국화의 싹을 채취한다. 이를 옥영玉英이라 한다. 6월 상인일에는 잎을 채취한다. 이를 용성容成이라 한다. 9월 상인일에는 꽃을 채취한다. 이를 금정金精이라 한다. 12월 상인일에는 뿌리를 채취한다. 이를 장생長生이라 한다. 이들을 그늘진 곳에서 100일간씩 말린 후 취합하여 가루로 만들어 꿀로 반죽해 오동나무열매 크기로 빚는다. 7환씩 술과 함께 음복하는데, 하루 3회 먹는다. 100일을 먹으면 몸이 가볍고 윤기가 난다. 1년을 먹으면 흰머리가 검은 머리로 바뀐다. 2년을 먹으면 묵은 이가 빠지고 새로 난다. 5년을 먹으면 80세의 노인이 어린아이가 된다."

왜 상인일에 채취하는지는 잘 모르겠다. 꽤나 지성스러워야 하며 시간도 상당히 소요된다는 것은 분명한데, 제법이 어렵지 않다. 아무 국화나 쓰지는 않았을 터. 해보아서 효과가 없으면 왕자교의 감국과 달라서 그렇다고 해야 할까. 어쨌든 모를 일이니 집 앞 뜨락에 국화를 심어 소일 삼아 해볼 만하다. 이것만으로도 가히 신선놀음이라 하겠다.

"국화는 관상하는 것만으로도 노인에게 회춘의 영약이 된다. 국화를 먹으면 그 공효를 이루 말할 수 없다."

남송 4대가 중 한 명인 양만리의 말이다. 이렇게 사람을 오래 살게 하는 꽃이라는 뜻으로 국화를 연수화延壽花, 연수객延壽客, 장수화長壽花, 연령객延齡客이라고도 했다. 그런데 신화와 전설이 그 힘을 잃은 오늘 같은 과학의 시대에도 과연 그러할까. 국화의 품종은 전 세계적으로 3000종이 넘는다. 이름도 가지가지다. 그러나 약으로 쓸 때는 크게 두 종으로 나눈다. 감국과 야국野菊이다. 이 둘은 모두 야생한다. 화훼용으로 키운 꽃송이가 큰 가국家菊은 약으로 쓰지 않으나, 일부는 그 상태와 맛을 살펴 감국 대용으로 쓴다.

감국은 꽃이 노란색이고 맛이 달아 식용할 수 있으며 약으로 쓴다. 그래서 진국眞菊이라고도 한다. 꽃 크기가 동전만 하다. 우리나라엔 남쪽지방의 산야에 주로 자생한다. 많이 채취해서 그런지, 서식지가 좁아 그런지 요즘은 잘 눈에 띄지 않는다. 근자에 담양 식영정 부근의 산에 올랐다가 우연히 서너 포기를 봤다. 《본초강목》에는 "국화는 종류가 많은데, 약으로 쓰는 진국은 꽃이 홑잎이면서 크기가 작고 황색이며 잎은 진한 녹색으로 작고 얇으며, 절기에 맞춰 늦가을에 핀다"라고 쓰여 있다.

화훼용 가국은 중국 당나라 무렵 감국과 산구절초를 교잡해 만들어졌다고 전해지는데 감국의 기미를 갖춘 게 더러 있다. 이 중에서 농약을 치지 않고 약용으로 재배된 것을 감국 대신 쓴다. 요즘 시중에 감국으로 유통되는 국화는 대부분 이것이다. 원래의 감국과는 다르나 일반적으로 감국으로 통칭한다. 집에서 야생 감국 대신 약용이나 식용으로 쓸 만한 가국으로는 시골집 울타리에 심어진, 꽃송이가 자그마한 황색 혹은 백색의 국화를 연상하면 되겠다. 주의할 것은 화훼용으로 나오는 일반 국화는 절대 식용불가다. 진딧물이 많아서 농약을 엄청나게 친다.

야국은 '고의苦薏'라고도 하는데 생김새가 감국과 비슷하나 꽃이 작다. 일반적으로 산국山菊이라고 하며 도감에도 산국이라 칭한다. 맛이 써서 식용하지 않는다. 감국보다 향기가 강하고, 전국의 산야에 흔하다. 이 야국을 감국으로 잘못 알고 채취해 국화차 등을 만들기도 하는데 주의해야 한

감국과 산국
감국의 꽃은 성글게 피며, 산국보
다 1.5배가량 크다.

다. 옛 본초서는 "감국은 사람을 오래 살게 하나[延齡], 야국은 사람의 기운
을 뺏는다[泄人]"라고 적고 있다. 구별법은 우선 감국은 꽃이 야국보다 크
다. 또 꽃을 먹어서 그다지 쓰지 않고 뒤끝에 단맛이 돌면 감국이고, 소태
처럼 쓰기만 하면 야국이다. 감국은 산속 그늘진 곳을 좋아한다. 꽃색이
노란색이 대부분이지만 흰색도 더러 있다. 양지바른 들판이나 산록에 샛
노랗게 무더기로 피는 것은 거의 다 야국이다.

감국의 효능에 대해《신농본초경》은 "풍으로 머리가 어지럽고 붓고 아
픈 증상을 치료한다. 눈알이 빠질 듯하고 눈물이 흐르는 증상과, 피부의
죽은 살, 악풍과 습으로 생긴 순환부전을 고친다"라고 했다. 또 "오래 먹
으면 혈기가 좋아지고 몸이 가벼워지며, 노화를 이겨내고 오래 산다"라고
했다.《동의보감》에는 "성질이 평하고 맛이 달며 독이 없다. 장위를 편안
케 하고 5맥을 고르게 한다. 풍으로 인한 어지럼증, 두통을 다스린다. 눈의

정혈을 기르고 눈이 빠질 듯하거나 눈물이 자주 나는 증상을 고친다. 풍습으로 몸이 저리고 아픈 증상을 치료한다"라고 쓰고 있다. 정리하면 감국은 연년익청, 소산풍열消散風熱, 양간명목養肝明目 한다.

야국도 약으로 쓰긴 하나 그 용도가 제한적이다.《동의보감》은 "여성의 배 속에 생긴 어혈을 푸는 데 쓴다"라는 정도로 기술하고 있다. 보補가 아니고 사瀉다. 요즘의 본초학은 청열해독 하는 것으로 그 약성을 기술하고 있지만 그 효과가 미약하다.

현대의 약리적 연구를 살펴보자. 우선 국화는 열을 발산시키는 효능, 청열작용이 상당히 강하다. 대량으로 쓰면 현저한 해열작용을 하는 아데닌과 스타키드린 등이 함유되어있다. 고열이 나는 독감에 뽕잎 등과 배합하여 쓰면 더 효과를 발휘한다. 국화와 뽕잎의 궁합을 이용한 처방으로 '상국음桑菊飮'이 있는데 살구씨와 개나리열매, 박하잎과 도라지, 감초 등을 더해 효과를 극대화했다. 봄, 겨울에 흔한 고열성 감기의 초기 치료에 잘 듣는다. 대부분이 주변에서 쉽게 구할 수 있는 약재다.

연년익청 하는 셀레늄

감국에는 비타민A가 많아 각막염이나 결막염 같은 안질이나 인후염에도 효과가 크다. 사물이 뚜렷이 안 보이고 눈에 혼탁이 생기는 증상, 안저정맥출혈, 안저동맥경화, 시신경염, 시신경 망막염, 누낭염, 각막궤양 등의 급만성 안질을 모두 치료한다. 국화차를 평소 자주 마시면 안질환을 예방할 수 있다.

신선을 꿈꾸었던 옛사람들의 '연년익청'은 어떨까. 국화 속에 포함되어 있는 미량 원소 중에는 셀레늄이 가장 많다. 이 셀레늄이 항노화물질임은 이미 밝혀져 있다. 국화의 연년익청이 실제로 가능성이 있다는 말이다. 또 국화 속에 풍부하게 들어있는 크롬 성분은 콜레스테롤을 분해하고 체외로 배설을 촉진해 심혈관질환을 치료한다. 항암효과도 있다. 일본에선 쥐를 가지고 항암 실험한 결과 국화의 암세포 성장 억제율이 55퍼센트로 나타났다. 이 정도면 현대과학이 연년익청의 효능을 실증하고 있다고 말해도 무리는 아니겠다.

국화는 심장의 관상동맥을 확장하고 혈류량을 크게 증가시켜 관상동맥 경화로 인한 고혈압과 협심증을 예방한다. 뇌혈관 순환장애에도 개선효과가 크다. 또 콜레스테롤을 감소시키므로 동맥경화와 고지혈증에 좋다. 국화만 단독으로 쓸 수 있지만, 산사 같은 약물을 배합하면 더 효과가 크다. 참고로 가지와 함께 먹으면 더욱 좋다. 가지에는 혈관을 연화시키는 효능이 있어 동맥경화로 인한 고혈압을 떨어뜨리는 효과가 커진다. 또 중추신경을 진정시키는 성분도 있다. 그래서 우울증과 신경쇠약으로 인한 두통, 현기증, 동계, 불면, 전신무력감 등을 치료한다. 파킨슨병 등에도 그 이용 가능성을 점치고 있다.

"국화 두 송이를 넣은 한 잔의 차는 마음을 맑게 하고, 눈을 밝게 하며,

수명을 늘린다"라는 옛말이 있다. 국화차는 감국의 꽃송이를 그늘에 말려 향기가 날아가지 않게 밀봉해두었다가 뜨거운 물에 우려 마신다. 이 국화차에 인동꽃이나 구기자, 뽕잎, 쇠무릎, 산사 등을 넣어도 궁합이 잘 맞는다. 인동꽃은 피부질환과 동맥경화에 좋다. 구기자를 넣으면 눈을 밝게 하고 연년익청 하는 힘이 커진다. 쇠무릎은 고혈압과 협심증에 좋다. 산사는 고지혈증에 좋다.

　겨울날, 안 그래도 몸과 마음이 추운데 들려오는 소식이 모두 우울할 때 마음을 맑힐 따뜻한 국화차 한잔이 그리워진다.

자궁암, 이명, 비문증의 약 꾸지뽕

두보의 시 〈북정北征〉에 "산열매들이 숱하게 열려서 선약仙藥인 듯 단사
丹砂처럼 붉다"라는 구절이 있다. 진홍색의 단사는 신선이 되는 선약 중의
으뜸이다. 11월경 이 단사의 색깔처럼 붉게 익는 꾸지뽕 열매를 따러 산
에 올랐다.

매년 늦가을 무상의 수확을 안겨주는, 자갈이 많은 산비탈에 다른 활엽
수들 속에 숨어 사람들의 눈에 잘 띄지 않는 꾸지뽕나무가 하나 있기 때
문이다. 그런데 도착해보니 꾸지뽕나무는 잔가지까지 거덜 나 있었다. 붉
은 단사는 하나도 남아있질 않았다. 이미 누군가의 손을 탄 지 오래였다.
그 꾸지뽕나무가 내 것이나 됐던 것처럼 속이 상한다. 이대로 가다가는
정말 언제 붕괴할지 모를 것 같은 초경쟁사회 대한민국이다. 꾸물거리다
자칫 야산의 나무 열매도 차지하기 어렵게 된 게 분명하다. 더 이상 산골

당신 곁의 약이 되는 27가지 풀과 나무

꾸지뽕나무

쌍떡잎식물 쐐기풀목 뽕나뭇과
의 낙엽활엽 소교목. 산기슭의 양
지 쪽이나 마을 부근에서 자라며
가지에 가시가 있고, 열매들이 모
여 덩어리를 이루는데 9월에 붉
은색으로 익는다. 잎은 뽕잎 대용
을 쓰고, 열매는 잼을 만들거나
술을 담그고, 나무껍질과 뿌리는
약용이나 종이 원료로 쓴다.

겨울

에서 어린 시절을 보낸 이들이 추억과 그리움 때문에 눈길을 주던 하찮은 산열매가 아니다.

산뽕나무와 달리 줄기에 날카로운 가시

꾸지뽕나무는 우리나라 황해도 이남의 산야 전역에 흔하다. 산기슭 양지쪽이나 계곡 주변, 마을 부근에서 많이 자란다. 잎이나 가지를 꺾으면 흰 뜨물 같은 끈끈한 수액이 뚝뚝 떨어진다. 좀 성가시다. 대체로 키가 작은 관목이다. 그러나 얼마 전 화순 춘양면 산속에서 본 꾸지뽕나무들은 떡갈나무 같은 주변의 교목들보다도 키가 컸다. 소교목이라 해야 더 맞을 듯하다.

5~6월에 서로 다른 나무에서 암꽃과 수꽃이 따로 핀다. 10월경에 암나무에서 붉게 익는 둥그런 열매는 과육이 달고 맛이 있어 날것으로 먹을 수 있다. 뽕나뭇과에 속하지만 생김새가 여러모로 뽕나무와 다르다. 한자로는 '자목柘木' 또는 '자상桑柘'이라고 한다. '자柘'는 산뽕나무를 뜻한다. 그러나 민간에서 흔히 산뽕나무라 부르는 것과는 다르다. 가지와 줄기에 날카로운 가시가 있는 게 꾸지뽕나무다. 뽕나무나 산뽕나무에는 가시가 없다. 이 때문에 '가시 자刺'를 넣어 '자자柘刺', 가시나무 뽕이라는 뜻인 '형상荊桑'으로 부르기도 한다. 잎 모양도 다르다. 뽕잎보다 크기도 작고 뽕잎에는 있는 톱니가 없어서 확연히 구별된다. 열매도 뽕나무의 오디와는 모양이 전혀 달라 호두과자 비슷하게 생겼다. 중국에선 둥근 추를 닮아서 가자佳子,

또 여지荔枝라는 열매와 비슷하다고 해서 '야여지' 또는 '산여지'라고도 한다. 검붉게 잘 익은 꾸지뽕 열매는 단맛이 강하지만 덜 익은 열매는 예의 끈적끈적한 흰 뜨물이 많아서 비위가 상한다.

정약용 같은 실학자는 꾸지뽕을 가리켜 "형상도 양잠에 쓰니 심을 만하다"라고 했다. 꾸지뽕이라는 이름도 이 나무의 잎으로도 누에를 키울 수 있어서 '굳이 뽕'이라 부르다가 소리 나는 대로 굳어진 것이라고 한다. 중국 고대의 훈고학서 《이아》엔 꾸지뽕잎을 먹여 키운 누에를 '극견棘繭'이라고 하며, 그 실로 금슬을 만들면 소리가 매우 청아하다고 쓰고 있다. 우리나라에선 지역에 따라 굿가시나무라고도 하고, 활뽕나무라고도 한다. 활뽕나무는 재질이 잘 휘고 단단한 이 나무로 만든 활을 최고로 쳤던 데

꾸지뽕 가시

서 유래한 이름이다.

꾸지뽕을 가리키는 '자柘'엔 황적색이란 뜻도 있다. 꾸지뽕나무를 우리면 나무의 수액이 황적색으로 변한다. 이를 자황柘黃이라 하는데, 임금이나 신분이 귀한 이의 옷을 만들 때 쓰던 물감이었다고 한다. 과거엔 나름대로 쓰임새가 있었던 나무다. 그러던 것이 근대화 이후 양잠농가들조차 사라지면서 촌구석의 어린애들이나 그 열매를 탐하는, 별 볼 일 없는 야산의 잡목이 되었다.

꾸지뽕을 둘러싼 과대광고

노자는 '되돌아감이 도의 움직임[反者 道之動]'이라고 했다. 그런데 이건 되돌아간 정도가 아니다. 요사이 꾸지뽕나무는 쓸모없는 잡목에서 '단사'와 같은 선약으로 그 신분이 엄청나게 바뀌었다. 위암, 식도암, 폐암, 간암 등 흉악한 병을 고치는가 하면 여성의 자궁질환에 특효여서 자궁암이나 자궁근종을 씻은 듯 낫게 하는 영약이라는 것이다. 그래도 급격한 변화가 부담스러워 은인자중하며 내공을 키우는 듯하더니 어느 순간 그 행보가 거침없이 당당해졌다.

"100퍼센트 국내산 꾸지뽕으로 당뇨, 고혈압을 한 방에!" 이런 선정적인 광고의 위력 탓인지 내 주변에서도 꾸지뽕에 '필이 꽂힌' 사람들이 느닷없이 늘어났다. 내가 꾸지뽕 수확의 기쁨을 빼앗긴 것도 이들 광고 탓이 아닌가 부적 혐의가 갔다.

그러나 생각해보면 꾸지뽕으로서는 적잖이 억울한 느낌이 있지 않을까 싶기도 하다. 십수 년 전 진주MBC에서 방영한 다큐멘터리 〈약초와의 전쟁〉에서 꾸지뽕은 겨우살이, 하고초, 느릅나무, 와송과 함께 5대 항암약초로 대접받았던 귀한 몸이었다. 꾸지뽕나무 추출물이 폐암세포를 죽이는 경이로운 영상도 찍혀 전국적으로 전파를 탔다. 그사이 자잘한 홍보성 프로그램에 한두 번 얼굴이 팔린 게 아니었다. 아무튼 동물실험을 통해서 갖가지 암세포 억제작용이 입증됐고, 중국이나 일본에서 임상에 활용되어 놀라운 효과를 보고 있으며 또 중국 상하이의 28개 병원에서 소화기 암 환자에게 써 큰 효과를 거두었는데 대부분이 3~4기의 말기 암 환자였다는 등 천연 항암제 꾸지뽕 예찬이 항간에 자자했다. 현대의학이 포기한 말기 폐암을 고쳤다는 체험수기도 인터넷에 돌아다녔다. 신부전증에 간경화 말기 증상, 간암까지 꾸지뽕나무 추출물을 먹고 좋아졌다고 말하는 사람도 많았다. 다들 이런 절세의 영약을 내버려두고 눈 뜨고 뭘 하고 다녔는지 싶었을 만하다.

사실 일반 뽕나무와 달리 꾸지뽕나무는 일반 한약재로는 거의 쓰지 않는 식물이다. 민간에서 쓰던 초약草藥이다. 동아시아 최고의 본초서인 《본초강목》을 제외하면 고전 본초서들은 이를 그다지 중요한 약물로 생각하지 않았던 모양이다. 《본초구원》, 《일화자본초》, 《본초습유》 등에서 그 약성에 대해 두서너 줄 간단한 설명을 찾아볼 수 있는 정도다. 한국이나 중국의 대학 본초 교재에서는 이를 아예 다루지 않는다.

우리나라《동의보감》은 어떨까. 이 책은 병고에 시달려도 비싼 약재를 구하기 어려웠던 백성들을 위해 쉽게 구할 수 있는 향약재를 잘 쓰도록 의도했던 의서다. 그래서 이런 민간약을 빠뜨리지 않고 다루고 있다. 하지만 역시 그 내용이 너무 소략하다. "성질이 따뜻하고 맛이 달다. 독이 없다. 풍허이롱*과 학질을 치료한다"가 전부다.

꾸지뽕에 대해 가장 상세한 내용을 다룬 것은《본초강목》이다. 근자에 나온《중약대사전》도 이《본초강목》으로부터 크게 벗어나지 않는다.

"여성의 붕중**을 낫게 한다. 어혈로 인한 학질을 다스린다. 탕액으로 술을 빚어 먹으면 풍허로 인해 귀먹은 증상이 낫는다. 과로하여 허약해지고 몸이 마르는 것, 허리와 신장이 냉하여 꿈속에서 사정[泄精]하는 증상을 다스린다. 신腎 기운을 통하게 해 오래된 이명과 이롱(귀머거리)을 고친다.

눈앞에 실이나 파리 같은 것이 어른거리는 증상에 꾸지뽕나무 즙액을 눈에 떨어뜨리고 물을 적신 솜으로 닦으면 좋아진다. 침침한 눈을 밝게 하려면 가지를 달인 물로 눈을 자주 씻는다. 소아의 중설***에 뿌리를 달인 물로 거듭 씻어주면 효과가 있다."

* **풍허이롱** 風虛耳聾
  몸에 풍기風氣가 있어 허약함으로 인해 귀가 먹은 증상

** **붕중** 崩中
  자궁출혈 또는 월경과다

*** **중설** 重舌
  혀 밑의 연부조직이 염증으로 부어서 작은 혀가 더 생긴 것 같은 증상

귀머거리 고치는 자근주

이 꾸지뽕이 도대체 어떻게 고혈압과 당뇨를 고치고 자궁암을 비롯해 온갖 암에 신통한 효과를 내는 약이 된 걸까. 이는 다 현대 약리학적 연구의 산물이다. 꾸지뽕에 플라보노이드와 루틴, 모르틴, 가바 등의 약리적 물질이 많다는 것이다.

플라보노이드는 과일이나 채소에 많은 성분이다. 강한 항산화작용을 한다. 암 예방효과가 있다. 암세포를 제거하거나 전이를 억제하는 생체 메커니즘을 유도하기도 한다. 심장에도 좋다. 혈관을 튼튼히 해 혈압을 안정시킨다. 그러나 체내에 들어가면 대부분 배설되므로 흡수율이 낮아 그 효과가 미미하다는 얘기도 있다. 생체에서 일어나는 일과 실험실에서 얻은 실험결과는 명백히 다르기 때문이다.

루틴이라는 성분은 모세혈관을 튼튼하게 해주고 당뇨를 예방한다. 항암작용도 한다. 모르틴도 항암효과가 있다. 억제성 신경전달물질인 가바는 항불안작용, 항우울작용을 한다. 혈압 강하효과, 간기능 개선효과도 있다. 이런 물질이 다량 함유된 꾸지뽕나무니 그 약리적 효과가 기가 막힐 수밖에 없다는 거다. 그러나 사실 이들 성분이 특별한 것은 아니다. 우리가 흔히 먹는 채소나 과일, 또 녹차에도 많다. 더 나아가 이런 성분이 있으니 특효약이라는 단선적인 생각은 과학이 아니다.

꿩 잡는 게 매라고 꾸지뽕이 효과가 없다는 얘기는 못 하겠다. 40대 지인 부부가 있는데 부인이 심한 저혈압으로 힘이 없어 늘 드러눕기만 했다. 안색도 좋지 못했다. 그런데 꾸지뽕이 혈압에 좋다는 말을 들은 남편이 열매를 따서 술을 담가 부인에게 권했다. 한두 잔씩 꾸지뽕 술을 마신 뒤 1년 남짓 지나서 부인의 혈압이 정상이 됐다. 혈색도 살아났고 몸도 그다지 처지지 않게 됐다. 내가 주워들은 사례는 이외에도 많다.

꾸지뽕나무를 가지고 건강식품 사업을 하는 이들의 얘길 들어보면 말기 자궁암을 씻은 듯이 낫게 하고 각종 암에도 효과가 크다는 '꾸지뽕 기름'을 최고로 친다. 정확히 말하면 기름이 아니라 꾸지뽕 나무의 수액을 추출한 것이다. 뿌리나 줄기를 오지항아리에 넣고 왕겨로 일주일여 불을 때서 수액을 빼낸다. 그러나 이런 방법으로 추출한 수액은 탄 냄새도 나고 먹기가 고약해 현대적인 기계장비로 추출하기도 한다. 앞날을 예측하기 어려운 암환자라면 십중팔구 이걸 사 먹게 될 것 같다.

《태평성혜방》이란 중국의 고대 의서에도 그런 유혹을 하는 신통한 술이 하나 나온다. 꾸지뽕 뿌리를 가지고 빚는 술인데, 이름은 '자근주柘根酒'라고 한다. 신장이 허해서 오랫동안 낫지 않는 청력장애, 귀울음과 이롱을 씻은 듯이 고친다. 현대의학이 포기한 이명환자가 주변에 한둘이 아니다. 재미있어서 제법을 소개한다.

"꾸지뽕 뿌리 20근(한 근은 600g)과 석창포 뿌리 5근을 준비해 각각 물 10말(1말은 18L)씩 넣고 5말이 될 때까지 달인다. 벌겋게 달군 쇳조각 20근을 5말의 물에 담가 식힌 후 맑은 물만 따른다. 이 물을 철락음鐵落飮이라 한다. 여기에 꾸지뽕 달인 물, 석창포 달인 물을 섞는다. 도합 15말의 물에

쌀 두 섬과 누룩 두 말을 넣고 술을 빚는다. 술이 다 익으면 자석 3근을 가루 내어 술에 넣고 사흘 밤을 재운다."

이렇게 만든 술을 주야로 취하도록 마신다. 그러면 어느 틈에 사람들의 말소리가 들리게 된다고 한다.

건강식품·의약품을 둘러싼 빅 브러더

단사와 같이 신비한 영약이 되어버린 꾸지뽕을 빼앗기고 빈손으로 산을 내려오며 뜬금없이 영화 한 편이 생각났다. 김재환 감독의 다큐멘터리 영화 〈트루맛쇼〉다. 이 영화는 식당과 미디어의 탐욕과 조작에 관한 블랙 코미디다. 복잡한 얘기 다 빼면 얼추 이런 내용이다. '방송 3사 TV에 나오는 대한민국의 맛집들은 다 조작이다. 식당도 음식도 사장에 종업원까지 모조리 사기다. 돈만 주면 지상파 TV에 맛집으로 소개되고 메뉴까지 그 자리에서 만들어준다. 방송을 본 대중은 그 맛집에 몰린다. 하지만 그 맛집은 십중팔구 맛이 없다. TV에 먹음직스럽게 소개된 그 메뉴도 없다. 방송을 위해 만들어진 가짜다. 물론 극히 드물게 맛이 있는 집도 있긴 하다.' 이 다큐멘터리 영화를 본 사람들은 미디어와 식당의 너무도 부적절한 관계에 큰 충격을 받게 된다. 2011년에 나온 영화여서 시의성이 떨어질 수 있지만 그래도 재미있다. 정규 방송사를 상대로 몰래카메라를 쓴 수법도 상큼하다.

커넥션의 주연은 방송사와 PD, 식당과 방송을 연결하며 고수익을 올리는 브로커, 그리고 대박의 꿈을 꾸는 맛집들이다. 그렇지만 〈트루맛쇼〉는 이 거짓 쇼를 강요해온 빅 브러더가 누구인가 묻는다. 영화 속의 브로커와 음식평론가는 TV의 거짓 쇼가 가능한 것은 우리나라 맛집 소비자의 수준이 그 정도이기 때문이라고 말한다. 빅 브러더는 '그들'이 아닌 우리의 '저급한' 욕망이라는 것이다. '바로 당신들 수준이 그 정도니까 방송사들이 조작한 그런 맛집에 몰리잖아. 그러니까 거짓 쇼가 계속되는 거고.' 비아냥거림에 가깝다.

맛집과 미디어만 부적절한 관계일까. 건강사업은 더 그렇지 않을까. 어느 때보다 건강에 대한 관심이 높아진 요즈음 미디어에서 특정식물이나 건강 보조식품에 대한 홍보에 집중하는 것을 허투루 볼 수는 없다. 한 채널의 건강프로에선 의료계나 식품학 전문가들이 구매욕을 견인하는 전문적인 멘트를 하고, 바로 옆 홈쇼핑 채널에선 다급한 목소리의 쇼호스트들이 실시간으로 해당 상품을 마케팅해댄다. 이런 당당한 공모관계가 일상화된 지 오래다.

생각해보면 꾸지뽕을 비롯한 건강식품은 별것도 아니다. '공포 마케팅'으로 초국적 거대 제약업체 '로슈'가 전 지구적으로 유포한 인플루엔자 치료제 타미플루, 각종 백신과 항암제, 하다못해 동네 의원에서 일상적으로 처방되는 각종 소염진통제, 헬리코박터 제균제, 스타틴 같은 고지혈제들은 애당초 관람객, 소비자의 선택이나 저항이 불가능한 빅 브러더 중의 빅 브러더가 아니던가. 그러니 하찮은 산열매였던 꾸지뽕이 단사가 되었다고 사돈이 논을 산 것처럼 언짢아하는 건 도리가 아니다. 단지 내 꾸지뽕이 더 이상 손을 타지 않길 바랄 뿐이다.

황금보다 비싼 보혈약의 으뜸 삼칠

　간경화로 복수가 차오른 한 지인 이야기다. 극심한 독감까지 겹쳐 딱 죽을 지경이 되었다. 도리가 없어 병원에 입원했는데 치료 도중 내장출혈이 심해졌다. 혈액응고제를 써야 하는데 그러자니 심혈관을 틀어막는 혈전이 더 문제였다. 폐에서도 출혈이 생겼다. 지혈을 하면서 동시에 활혈活血을 할 수 있는 약은 현대의학엔 없다. 온갖 현대적 장비를 갖췄다지만 병원으로선 속수무책, 두 손을 들었다.

　이분은 수년이 지난 현재까지 건강하다. 그동안 운동도 열심히 해서 몸이 전보다 더 좋아졌다. 병원에서 거의 사망선고를 받으신 분인데, 그냥 자연 치유가 된 걸까. 당연히 아니다. 퇴원하고서 한 가지 약물을 가루 내어 계속 복용했다. 그 약물은 바로 삼칠三七이라는 약초의 뿌리, 삼칠근三七根이다. 이 약초가 난마같이 얽힌 그의 병을 해결했다.

완도에 사는 환자 한 분은 만성 C형 간염으로 고생했다. 인터페론*이 듣지 않고 약물 부작용도 심했다. 만성피로와 식욕부진, 근육통과 관절통을 호소했다. 삼칠근을 가루 내어 3개월여 복용하게 했더니 혈액검사 결과 C형 간염바이러스가 나오질 않았다. 피로감과 전신 통증이 눈에 띄게 개선됐다.

삼칠의 원산지 더바오현에서 멀지 않은 곳에 윈난성 원산[文山]이 있다. 요즘 중국에서 생산되는 삼칠근의 대부분이 이곳에서 나온다. 그 밖에 광시성 우저우(梧州), 장시성, 구이저우성, 쓰촨성 일부 지역에서도 나온다. 모두 윈난과 인접한 중국 남방의 따뜻한 지역이다. 삼칠은 오갈피나뭇 과에 속하는 여러해살이풀이다. 따지고 보면 인삼과 한집안 식구라고 할 수 있다. 사실 분류상 인삼속이다. 또 삼칠의 뿌리, 삼칠근을 먹어보면 거의 인삼 맛이 난다. 잎사귀의 생김새나 열매도 인삼의 그것과 흡사하다. 그래서 삼칠인삼이라고도 한다.

보혈제의 으뜸, 남삼칠

옛날 중국 광시성의 어느 고을에 한 낭중**이 있었다. 이 고을 위사衛士가

삼칠

전칠田七이라고도 한다. 삼칠을
두고 가지가 세 줄기이고 그 가
지에 잎이 일곱 개씩 달려 그 형
상을 따서 삼칠이며 3~7년간 자
란 뿌리만이 약효가 있고, 1~2년
근은 아무 효과가 없기 때문에
삼칠이라고 했다는 설이 있다.

당신 곁의 약이 되는 27가지 풀과 나무

코피를 자주 흘렸는데 낭중이 주는 가루약을 먹고 코 안에 그 가루를 뿌리면 곧 나았다. 눈치 빠른 위사는 낭중이 무슨 약초를 쓰는지 눈여겨 두었다. 어느 날 고을 지부대인의 독자가 갑자기 피를 토하며 출혈이 멈추지 않았다. 내로라하는 의원들을 불러다 치료했으나 차도가 없었다. 위사는 신통하게 지혈하는 약초를 눈여겨보았던 터라 그 뿌리를 캐가지고 지부대인에게 바치며 "이 약초는 그 효과가 신통하므로 곧 나을 것입니다"라며 호언했다.

그러나 약초를 달여 먹어도 아무런 효과가 없었다. 지부대인의 아들은 출혈이 멈추지 않아 마침내 죽고 말았다. 대로한 지부대인이 위사를 잡아들여 죄를 물었다. 위사가 저간의 사연을 토설해 덩달아 낭중도 붙들려 오게 됐다. 낭중은 위사가 캐 온 약초를 보고는 한숨을 쉰 후 말했다.

"이 약초는 반드시 3~7년을 자란 것을 써야 하는데 위사는 그것을 알지 못하고 1년 근을 썼으니 무슨 약효가 있었겠습니까."

그러고는 곧 칼을 들어 자신의 팔에 크게 상처를 낸 후 가루약을 꺼내 일부를 먹고 일부는 상처에 뿌렸다. 그러자 곧 출혈이 멈추고 상처가 아물었다. 사람들이 그 광경을 보고 모두 놀랐다. 실제로 삼칠은 파종으로부터 수확까지 3년 이상이 걸린다. 약효도 3~7년 된 것이 가장 좋다고 한다.

중국에선 난치병의 하나인 재생불량성빈혈에 삼칠근을 투여해 환자의 건강을 회복시킨 사례가 꽤 있다. 일례로 한 14세 소년이 기운이 없어 말하기도 어려웠고 비위가 너무 약해져 음식도 먹지 못했다. 눈에 총기가 없고 정신도 나른해 생기가 없어 보이는 아이였다. 소년의 잇몸에서는 피가 났고 피부에는 멍이 든 것처럼 자반이 생겼다. 골수검사 결과, 재생불량성빈혈로 진단됐다. 그런데 익힌 삼칠근을 가루 내어 3개월을 복용하고는 모든 증상이 호전되었다.

삼칠근은 일반인에게 좀 생소한 약초이지만 과거에는 이런 말도 있었다. '북인삼北人蔘 남삼칠南三七.' 천하의 영약으로 이름난 인삼은 북방에서 나고, 삼칠은 남방에서 난다는 뜻이다. 삼칠이 대체 무슨 약초이기에 감히 인삼과 어깨를 나란히 하는 명성을 얻은 걸까. 청나라 때 의가 조학민은

삼칠근
뿌리 및 뿌리줄기로 원뿔 모양이고 주위에는 작은 혹 모양의 돌기가 있다.
옆면은 회갈색, 회황색이며 단속적으로 세로주름과 가는 뿌리가 붙었던 자국이 있다. 몸체는 무겁고 질은 견실하며 이를 부수면 피부와 목부는 보통 분리되며 특유한 냄새가 있다. 맛은 쓰고 약간 서늘한 단맛이 있다.

《본초강목습유》에 이렇게 썼다. "인삼은 보기補氣제일이고, 삼칠은 보혈補血제일이다." 인삼이 기를 보하는 데 으뜸인 약물임은 분명하다. 그런데 삼칠이라는 약초는 혈을 보하는 데 으뜸이라는 것이다.

또 다른 청대의 의가 진사탁은 이렇게 말한다. "삼칠근은 지혈을 시키는 신기한 약이다. 몸의 상, 중, 하의 출혈뿐 아니라 몸 밖으로 새는 모든 출혈에도 이 약 한 가지면 즉각 효과를 본다. '보혈'하고 '보기'하는 약에 넣으면 그 효능이 더욱 신통하다."

한방의 '편자황片仔黃'이란 약에 대해 들어보셨는지 모르겠다. 국내에서도 광동제약에서 한동안 편자환이란 이름으로 생산했다가 지금은 만들지 않는 듯하다. 중국 의술에 과장이 좀 있다는 점을 감안해도 이 약이 급만성간염이나 간경화 등에 탁월한 효과가 있다는 것은 널리 알려진 사실이다. 항생제가 안 듣는 일체의 염증성 질환과 좌상, 화상, 등창*을 비롯해 치주염, 중이염, 인후통 등과 같은 소소한 질환에도 효과가 크다. 이 약의 주된 약재가 삼칠근이다. 성분의 85퍼센트가 삼칠근이고 사향과 웅담 등이 소량 들어간다.

중국 정부에서 그 처방 구성을 국가기밀로 숨기고 있다는 '운남백약云南白藥'도 삼칠근이 주된 약재다. 1924년 중국 윈난성의 곡환장이라는 중의사에 의해 만들어져 전국적인 명성을 얻은 운남백약은 타박으로 인한 골절과 출혈성 외상질환 등에 신통한 효과가 있다고 한다. 1970년대 초에

---

* **등창**
등에 나는 부스럼

이 운남백약은 저우언라이 총리의 지시하에 '운남백약 집단주식유한공사'가 세워져 지금까지 외과의 성약으로 이름을 떨치고 있다.

금불환으로 불리는 약

이 삼칠이 처음으로 소개된 것은 명나라 때 이시진의 《본초강목》에서다. 그러니까 16세기 전까지는 중국의 의가들도 이 약초에 대해선 잘 몰랐다는 얘기다. 근세에 와서야 본초서에 그 얼굴을 내민 약물인 것이다. 어쨌든 이시진은 "삼칠은 중국 광서성 반동의 깊은 산중에서 채취하는데, 뿌리를 햇볕에 바짝 말려 쓴다. 황흑색의 단단한 원추형 덩어리가 마치 백급의 뿌리 같다. 마디가 있다. 인삼의 맛과 흡사해 미감微甘하고 쓰다"라고 적고 있다. 그리고 "다른 이름으로 '금불환金不換'이라고 부른다"라고 했다. '금불환'은 금과도 바꿀 수 없다는 뜻이다. 그토록 귀중한 약초라는 말이겠다.

《본초강목》 등 고전의서에 나오는 삼칠의 효능은 출혈을 멈추는 지혈, 어혈을 흩뜨리는 산혈散血, 종기와 부은 상처를 삭히는 소종消腫 및 통증을 가라앉히는 정통定痛이다. 신체 내외의 모든 출혈증상에 즉각적인 효과를 보인다. 또 지혈 후에도 어혈이 생기지 않게 한다. 지혈을 하면서도 산혈, 곧 활혈하는 효능이 있기 때문이다. 이 부분이 정말 중요한, 삼칠의 돋보이는 효능이다.

타박상이나 골절, 도검刀劍상에 내복하거나 외용해도 뛰어난 효과를 보인다. 즉 칼이나 흉기에 찔려 출혈이 그치지 않을 때 삼칠근 가루를 환부에 뿌리거나 내복하면 곧 지혈이 된다. 과거 전장에 나가서 도검에 베여 부상한 병사들에게 삼칠근은 아닌 게 아니라 금과도 바꿀 수 없는 귀한 약일 수밖에 없었다. 앞서 언급한 운남백약은 삼칠에 다른 약물을 더 넣어 이런 효능을 극대화한 것이다. 위장이나 십이지장의 궤양으로 인한 토혈과 출혈, 대장출혈, 여성의 자궁출혈, 산후의 지속적인 출혈에도 당연히 효과가 크다. 이름을 알 수 없는 각종 옹종으로 통증이 심한 경우에도 삼칠근의 가루를 환부에 도포하면 곧 낫는다. 가히 혈병의 성약이라 할 만하다.

최근의 삼칠근 연구성과를 보면 일본이나 중국에선 관상동맥성 심장질환에 보조치료제로 쓴다. 삼칠근 가루를 2~4g씩 하루 두세 차례 복용하면 효과가 있다고 한다. 삼칠근에는 플라보노이드글리코시드라는 성분이 있어서 관상동맥의 혈류량을 크게 증가시켜 동맥압을 떨어뜨리며, 심근의 산소 소비량을 감소시켜 심교통과 협심증을 치료한다는 연구결과도 있다. 또 혈중 콜레스테롤을 낮추고 고혈압을 떨어뜨리며 저혈압을 정상화한다. 만성간염과 간경화에도 효과가 있어서 GOT, GPT 수치를 떨어뜨리는 것으로도 보고된다. 만성 C형 간염에도 두드러진 개선효과가 있다.

삼칠근의 효능 중 가장 눈에 띄는 것은 뇌혈관의 출혈을 멎게 한다는 것이다. 뇌출혈에 의한 반신불수를 흔히 중풍이라고 한다. 뇌출혈이 생기면 치료가 됐다고 해도 그 삶의 질은 거의 결딴난다. 수족을 못 쓰고 질질 끌고 다니거나 자리에 드러누운 채 영영 사람 구실을 못 하게 된다. 한 번 뇌출혈이 생기면 재차, 삼차 뇌혈관이 터질 가능성이 많다. 삼칠근은 뇌혈관의 출혈을 멈추게 할 뿐 아니라 뇌혈관 파열 후 혈액순환장애를 개선하고 혈압을 떨어뜨려 뇌혈관이 다시 터지지 않도록 한다. 몸이 마비가 된 경우에도 삼칠근을 복용하면 뇌의 혈액순환이 개선되므로 회복이 현저히 빨라진다.

한국에서도 재배된 국삼칠

이시진의 《본초강목》에 오갈피나뭇과의 삼칠과는 전혀 다른 삼칠을 기술한 대목이 나온다. 요즘 말하는 '국삼칠菊三七'이다. 이 대목을 인용하면 다음과 같다. "또 한 종의 삼칠이 있는데 잎사귀가 국화와 쑥의 그것을 닮았고, 늦여름에 노란 꽃이 핀다. 꽃이 금실처럼 생겨 완상할 만하다. 줄기가 1~2m 정도 크게 자라고 뿌리도 우엉 뿌리처럼 크다. 예의 삼칠과 그 효능이 같아서 금창절상金瘡折傷과 출혈 및 상하上下의 혈병을 치료한다."

국삼칠은 국화과에 속하는, 삼칠과는 전혀 다른 식물이다. 그러나 약효는 삼칠과 큰 차이가 없는 것으로 알려졌다. 그래서 이시진도 이를 삼칠로 분류했다. 최근에 와서 오갈피과의 삼칠과 구별하기 위해 국삼칠이라고 하고 있다. 이 국삼칠의 재배에 성공한 이가 국내에 한 분 있다. 경북

영주에 사는 이 모 씨다. 10여 년 전 중국에서 우연히 삼칠의 효능에 눈을 떠 그때부터 국삼칠 재배에 도전했는데, 우리나라 토양과 기후에 적응하기 어려워 그동안 실패를 거듭하다 최근 대량으로 재배할 수 있게 됐다고 한다.

어쨌든 이 국삼칠도 윈난이나 쓰촨, 구이저우 같은 남방에서 주로 자라는 약초다. 이 씨의 국삼칠 재배가 기후와 풍토의 차이를 극복하고 성공한 것을 보면 오갈피나뭇과의 삼칠도 한번 재배해볼 만하다는 생각이 든다.

마치며

　기자생활을 그만둔 후 한의사가 되어 생업에 바쁘다 보니 글을 쓸 여유가 없었다. 좀 더 사실에 가깝게 말하자면 글 쓰는 일 자체가 싫었다고 해야 한다. 변변찮았던 기자일을 그만두고 우선 좋았던 게 뭐냐 묻는다면 먹고살기 위해 시간에 쫓기며, 업계의 표현을 빌리면 똥줄을 땅겨가며 글을 쓰는 일을 하지 않아도 된다는 것이었다. 그런데도 과거의 삶과 조금 인연이 남았는지 얼마간의 글을 쓰게 되고 그걸 책으로까지 내게 됐다. 처음부터 의도했던 일은 아니었다. 누군가는 존재결핍을 벗어나기 위해 글을 쓰게 된다고 했다. 그다지 틀리지 않은 말이겠지만 내게는 좀 한가한 소리같이도 들린다. 지금 책으로 엮인 보잘것없는 이 글들의 연원을 따지자면 그저 고마운 여러 인연 덕이라고 해야 한다.

《한겨레신문》에 잠깐 한방칼럼을 썼던 걸 눈여겨본 김영사에서 그동안 여기저기 인터넷에 흩어져있는 글을 모아서 출판을 해주었다. 《한겨레신문》 이기우 기자께 감사드리고 김영사 편집부 김민경 과장께 감사드린다. 원래 이 글들을 쓰게 한 《동아일보》 신동아부의 정현상 데스크에게도 감사드린다. 부디 건강을 잃지 않고 모든 일이 여의하시길 바란다. 한의원에서 한동안 고전공부를 함께한 여러 도반들에게도 빚을 많이 졌다. 무소득의 큰 지혜를 얻어 번뇌뿐인 희론의 세계를 모두들 벗어날 수 있기를 기원한다. 예쁜 세밀화를 그려주신 선생님께 고마움을 표하고 싶다. 이 책을 위해 소중한 약초 사진들을 선뜻 내어주신 담양의 권혁세 선생님께 깊은 감사를 드린다.

《감산의 노자老子 풀이》감산덕청, 서광사(2007)

《곤충의 밥상》정부희, 상상의숲(2010)

《국역 산림경제山林經濟》홍만선, 한국학술정보(2008)

《나무사전》김판권, 글항아리(2010)

《내단內丹1, 2》이원국, 성균관대학교출판부(2006)

《당시唐詩》이원섭역, 현암사(1965)

《데리다의 해체철학》김형효, 민음사(1993)

《도설한방의약대사전圖說漢方醫藥大事典》진존인, 송악(1988)

《동의보감東醫寶鑑》허준, 법인문화사(2012)

《동의치료경험집성東醫治療經驗集成》해동의학사(1997)

《병리학》대한병리학회, 고문사(2017)

《병원이 병을 만든다》이반 일리히, 도서출판 미토(2004)

《본초집성本草集成》서부일 외, 도서출판 목과토(2000)

당신 곁의 약이 되는 27가지 풀과 나무

《본초정의本草正義》장산뢰 / 안세영, 김순일 역, 청홍(2009)

《본초강목本草綱目》이시진, 인민위생출판사(1987)

《본초비요本草備要》왕앙, 천진과학기술출판사(2000)

《생명이란 무엇인가》린 마굴리스, 지호(1999)

《신농본초경집주神農本草經集註》도홍경, 인민위생출판사(1995)

《실용임상중약학實用臨床中藥學》증소룡 외 편, 학원출판사(2000)

《약징藥徵》요시마스 토도, 청홍(2006)

《역주 장자莊子》안병주, 전통문화연구회(2002)

《원색한국본초도감》안덕균, 교학사(2003)

《약성가》이원세 소문학회 편

《약초의 성분과 이용》문관심, 일월서각(1999)

《열선전列仙傳》유향, 예문서원(1996)

《우리나라 야생화이야기》제갈영, 이비락(2008)

《우리 나무의 세계 1, 2》박상진, 김영사(2011)

《원색한약재감별도감》식품의약품안전청, 호미출판사(2009)

《의감중마醫鑑重磨》이규준 찬, 목판판각본

《이야기 본초강목》이풍원, 팬더북(1996)

《인지과학의 철학적 이해》바렐라, 옥토(1997)

《주역계사강의》남회근, 부키(2011)

《중론中論》나가르주나 / 김성철 역주, 경서원(1993)

《중국에서의 기술에 관한 물음》허욱, 새물결(2019)

《중약대사전中藥大辭典》김창민, 정담(2006)

《재편집 동의학사전》과학백과사전종합출판사 편, 도서출판 까치(1990)

《증맥방약합편證脈方藥合編》황도연, 남산당(1978)

《태암수문험방록苔巖隨聞驗方錄》김영기, 의성당(2000)

《포박자抱朴子》갈홍, 서림문화사(1995)

《화한삼재도회和漢三才圖會》데라시마 료안, 평범사(1991)

《한권으로 읽는 도교》장은복, 산책자(2008)

《한국민속식물》최영전, 아카데미서적(1992)

《한국식물도감韓國植物圖鑑》초본부, 정태현, 창원사(1962)

《한국식물도감》이영노, 교학사(2006)

《한국의 야생화》이유미, 다른세상(2010)

《한국의학대계》여강출판사(1994)

《한방강의록》이재희, 의방출판사(2008)

《한방병리학》전국한의과대학병리학교실 편, 한의문화사(2001)

《한의학명사술어사전》중의연구원 광동중의학원편, 논장(1991)

《환자의 호소와 증상으로 알 수 있는 약의 부작용》Fumiko Ohtsu 외 / 윤상아 외 역,
　　신흥메드싸이언스(2010)

《황원어의학전서黃元御醫學全書》황원어, 중국중의약출판사(1999)

《해체》자크 데리다 / 김보현 편역, 문예출판사(1996)

사진 제공

생태사진전문가 김태권

화천산약초

성거산농원(주)

자연을 거두는 농부

백초영농조합법인

오작교농장

당신 곁의 약이 되는
27가지 풀과 나무